産経NF文庫
ノンフィクション

危機迫る日本の防衛産業

桜林美佐

JN131076

潮書房光人新社

危機迫る日本の防衛産業——目次

危機迫る日本の防衛産業

日本に「防衛産業」は存在するのか

私が「防衛産業」の問題に足を踏み入れてから一〇年余りが経った。その間に多くの人々と出会い、「防衛産業」の将来を案じる多くの自衛官が制服を脱ぎ、また企業の関係者たちが引退していった。

こうした人たちと共に「防衛産業」の実情を憂い、多くの時間、語り合った。しかし、残念ながら、防衛装備庁の発足などで細部の制度改定はなされてはいるものの、状況が改善されたとは言い難く、むしろ、日本の「防衛生産・技術基盤」は弱くなったと言わざるを得ない。

防衛予算は増えているのではないかと言われるが、それ以上に米国からの買い物が増えていることは御承知の通りだ。国内企業に恩恵はない。

この問題の難しいところは、装備品の国内調達が減っても、関連企業が弱体化しても、それによって日本が目に見えて崩壊するわけではないことだ。また、当面は自衛隊も困らないため、当事者である自衛官も多くが事態の重大性を理解し難い。他方、企業サイドも、国産装備を作らないことで路頭に迷うようなケースが多数出てくれば社会問題化もするだろうが、失業者が続出しているわけでもない。

そのため、単に「防衛産業の仕事が減って困っている」という話になりがちで、これでは政策に落とせない。また、この問題が産業政策だと捉えている人も多く、そうではなく、これは「安全保障政策」であるという認識を高めなければならないのである。

何はともあれ、本書を通して皆さんに「防衛産業」の実態を丸わかりして頂けるよう努力していきたいと思う。

日本に「防衛産業」は存在するのか

冒頭から「防衛産業」と何度も記しているが、あえてカギカッコ付きにしたのは理由がある。

正確に言えば日本には防衛分野専従の「防衛産業」はないからだ。三菱重工業や川崎重工業といった企業が装備品製造大手というイメージがあるかもしれないが、いずれも企業の一部門が防衛省・自衛隊の物を作っているにすぎない（とはいえ、以後はカギカッコを割愛）。

こうした防衛装備品生産に従事する企業における防衛需要依存度（防衛関連売上／会社売上）は平均で四％程度だ。防衛産業の規模は約一・八兆円と言われ、自動車など製造業全般は約五八兆円である中、一〇〇円ショップよりも小規模である。

企業にとってこの部門ははっきり言って、なくなってもいいものである。防衛需要への依存度は企業によっては一％以下というところも少なくない。

それでも継続するのは安全保障の一端を担っているという意識に依るものだ。また安定性、信頼性がある仕事だからという理由もあるだろう。国が相手の仕事なら儲からなくても未払いになることはない。

とはいえ、今の日本の企業形態は、社長の一存で「儲からなくても国のために」といった意志が通るようなものではない。崇高な意識は、経営会議や取締役会では意味をなさないものであり、コンプライアンスや株主の意向次第では事業継続が突然できなくなる可能性は常にあるのだ。

一方、防衛装備品はこのような大手のプライム企業の下に連なる数千社のベンダー企業によって成り立っており、これらの企業なしで防衛産業を語ることはできない。例えば戦闘機は約一二〇〇社、戦車は約一三〇〇社、護衛艦は約二五〇〇社と言われ、そこには有名な大手企業もあれば町工場までが含まれる。

こうしたベンダー企業は前述したプライム企業とはまた違う特徴を持っている。小規模な企業の中には、防衛需要依存度が五〇%以上という所も存在し、防衛事業がなくなれば閉鎖するしかない工場もある。

そこでしか作れない「オンリーワン技術」を保持している「オンリーワン企業」である場合もあるが、自衛隊からの調達が変動することで設備の維持や技術の継承が困難となり、撤退や倒産する企業が相次いでいるのだ。

こうした企業は、戦前から陸海軍と付き合いがあったなどの歴史を持つ所が多いのが特徴的で、二代目あるいは三代目社長がその矜持を引き継いでいるが、防衛装備品専用の治具や試験設備、独自の技術者を維持しなければならず、それらの多くは民生品の製造に流用することができない。

例えば、武器等製造法では同じ設備や工室で民生品の製造ができない決まりがある。それなら繊維事業ではどうかと言えば、工具は転用できるとしても、防衛省からの受注があるのかないのか直前まで分からないため、結局は計画的に同じ工具で他の製品を作るのは難しいのだ。

長年、親や祖父の意志を受け継ぎ防衛事業を続けてきたが、これではやっていくことはできないと「撤退」を申し出る、あるいは廃業や倒産するベンダー企業が後を絶たないのである。

相次ぐ防衛事業からの撤退

防衛装備品との決別はベンダー企業だけではない。プライム企業も、軽装甲機動車両（LAV）を手がけていたコマツが、装甲車開発から撤退することになり衝撃が走った。「プライム企業は撤退しないだろう」といった根拠のない安心感のようなものが長年の間、自衛隊では蔓延していたが、とうとうその幻想は打ち砕かれたのだ。

なぜ自衛隊はそうした感覚になっていたのか。その理由は、業界が非常に厳しい状況に置かれていることはずいぶん前から言われていたが、そうは言っても多くの企業が事業を続けており、本当はそんなに困っていないに違いないという見方をする人が多かったからだ。

しかし、これら企業が事業を続けてきたのは「困っていない」からではなく、やめるにやめられない事情があったからだ。

宮古島駐屯地に配備された小松製作所製の軽装甲機動車。略称はLAV (Light Armoured Vehicle)

保有している防衛装備専用の工機などは、既存の装備品の維持・整備のためにも必要であり、また、そうした設備を放棄したいとしても非常に手間とコストがかかるため、容易に実現できない。もし撤退に踏み切るとしたら、ただでさえ老朽化して騙し騙し使っている工作機械や試験設備が限界を迎えるか、事業の継続が大きな損失になってしまう状況に陥るか、である。

コマツの場合は競争入札で三菱重工業よりも格段に安値で落札したものの、その金額は要求性能を満たすためには全く不十分だった。コマツの事案に限らず、最近は企業の開発能力が低下しているといった論考を目にすることがあるが、そもそも、あらゆる装備品をこのような価格競争に持ち込んでいる制度そのものが問題なのであり、それを棚に上げて企業のブランドが地に落ちたようなことを言い立てるのは気の毒でならない。少なくとも自衛隊関係者にはこうした制度の欠陥について知って欲しい。

私はコマツに何の義理もないが、性能を満たせずに撤退という企業ブランドを貶めるようなことを喜んでするわけがないことは自明であり、そこまでして乗り出さなければならなかった実情や、安かろう悪かろうに陥る危険性を常にはらんでいる調達制度のあり方にこそ目を向ける報道が少ないことは残念でならない。

この他にも、企業買収で事業形態が変わったり、別の会社から来た人が社長に就任するなどで撤退することも考えられ、決別は突然やって来るということを肝に銘じなければならない。

部品製造などの中小企業が海外の企業に買収されたり資本提携するなどの動きを管理する制度がないため、防衛省は今、企業支援策を検討しているという。債務保証や補助金、低利融資など、様々な検討がなされ、近々具体的な支援策を始めるようだ。

遅きに失することのないよう、ありがちな煩雑な制度ではない大胆かつスピーディなものを期待したい。

コロナ禍に学ぶ輸入依存の危うさ

すでに防衛事業から撤退・倒産などが確認されているだけで一〇〇社以上にのぼっている。さらに今後、撤退を考えている予備軍も含めれば相当な数になっていることが考えられ、これを食い止めるための施策が始められる中で、最近ちょっと驚いたニュースがあった。

神戸新聞によれば、新型コロナの影響で医療用ガウンが不足したため、兵庫県のカバンメーカー三社が県からの依頼でこれまでのカバン製造技術を活用してガウンを製造し、納入したという。その頃、医療現場では何もかもが不足し、ポリ袋をガウンとして使っていた。緊急製造・調達されたカバン屋さんのガウンが医療現場に届くと大変感謝されたのだ。

しかし、緊急事態宣言が解除されると状況が一変、三社と随意契約していた県側は競争入札に切り替えてしまう。結局、安い中国製が調達されることになったというのだ。

三社の在庫は積み上がり、そのうちの一社「服部」の社長は次のようにコメントしている。

「国内産確保の必要性が言われるが、有事にだけ頑張るのは難しい。コストを下げるためにも、普段から最低限でも安定した注文がほしい」と。

新型コロナの影響でマスク不足となり、従来のマスクがほとんど中国製だったことを私たちは知った。国内製造基盤の重要性を再認識したと各所で聞いたが、その反省は一瞬のものだったようだ。

とはいえ、これは想定できる顛末だった。輸入依存は危ないと、安倍政権は「製造拠点の国内回帰」を掲げ緊急経済対策の一環として総額二四三五億円を二〇二〇年（令和二年）度補正予算案に盛り込んでいたが、こうした一発勝負の補助金だけで生産拠点が救われるはずはなく、そのための法律ができたわけでもなかったからだ。

一時的に国内産業に発注したり、補助金を出したりしても、それは延命にしかならず、本気で行なうなら、法で規定したり、減税や規制緩和といった大胆な施策が必要だったのではないだろうか。地方自治体においても、税の適切な使用のため競争入札を採用する原則に変更があったわけではなければ、元のやり方に戻すという、当然の仕事をしたにすぎない。

それだけに、政府の「製造拠点国内回帰」の意志はどれほどのものか？　と言わざるを得ない。そしてこれは防衛装備品の調達においても全く同じで、治療に全く効果がない薬を処方し続けているような取り組みが多いのである。

企業救済策は自衛官の意識から

ガウンの件ではネット上のコメントを見ると「在庫は国が買い取るべき！」というものが多くあった。確かにその通りだとは思うが、実は、前述のカバンメーカー社長が訴えていたのは「普段から最低限でも安定した注文が欲しい」ということだった。実際どんな経営においても「特需」ではなく「安定受注」を求めているのである。そしてそれこそが、コストつまり価格を下げ、雇用創出に繋がるということがあまり理解されていないようだ。

一方で、随意契約をするとなると、厳しい管理も必要となる。福岡県の朝倉市では二〇一七年（平成二十九年）の九州北部豪雨の復旧工事を随意契約で発注したが、その担当者が収賄容疑で逮捕された。

こうした災害直後の土砂撤去作業などは担い手を探すのが困難だといい、公募しても入札不調になることが少なくない。そうなると緊急的に随意契約がとられるが、同市ではその後も契約が継続され、担当者に現金や旅行券が渡されていたことが分かったのだ。

このような前例から、役所側から随契を率先して進めるのは緊急的措置以外は難しい。しかし、だからと言って困った時だけ頼って、用がなくなったら切り捨てていいはずがない。そんなことをしていれば、次に困った時に引き受けてくれる会社は消滅してしまう。入札できなかった企業に対しても救済する策などを作らなければ国内中小企業は維持できなくなるだろう。

とりわけ防衛装備品は安全保障上、国内製造力がなくなってはいけないはずなのに、なぜ、このような救済のための施策によって防衛生産・技術基盤を守ろうとしないのか？

その大きな要因は、自衛官にあると私は思う。多くの自衛官には当事者意識はない。それどころか「防衛産業のために運用するわけにはいかない」「防衛産業の話は聞かない方がいい」などという考え方がまかり通っているのである。

装備行政を携わる部署に配置された幹部自衛官が、企業の現場を見に行きたいと言ったら「情が移るから行くな」と上司に言われたという話も聞いた。

本来であれば、現場を知り現場の声を聞く必要がある仕事だが、へたに接近して「癒着」を疑われるくらいなら「触らぬ神に祟りなし」と考える向きも多いのだ。

さらに、部隊など現場で活動する隊員たちにとっても、装備が国産かどうかはどうでもいいことだ。最大の関心は、性能の良いものを早く欲しいということであり、そのため、制度上も開発に時間を要し、トライ&エラーを我慢しなければならない国産よりも海外製のほうがいいという声も多いのが現実だ。

防衛産業は第四の自衛隊

しかし問題は「兵站」を誰が担っているか、である。米国では大半の兵站機能を軍の中で自己完結させているが、自衛隊においては兵站の大部分を民間企業に依存している構図だ。どの国でも軍と民間企業と線引きはしているが、実際のところ軍の自律性確保のためにこれら企業を何らかのカタチで守っている。

ところが、自衛官の身分は国家公務員であり、他省庁の官民関係と同じようにしなければならないことから、体の一部である企業を、全くの他人として位置付けざるを得ないのだ。

自衛隊では企業の人たちを「部外者」だと捉えている傾向が強い。防衛産業は戦力の一部であり、陸海空の次に存在する「第四の自衛隊」であるはずなのに、現状は、官民を切り離すことに躍起になっているようだ。

運用の現場においても、昨今のハイテク化された装備はシステムダウンしたら自衛隊だけで手の施しようがなく、そこに企業のスタッフが常在する必要性が言われている。そのために企業の人たちに予備自衛官の立場を付与するなど対策が必要になってきており、その意味で、すでに官民一体化が不可欠な時代になっているのだが対策は遅れている。

ところで、これほど逼迫した状況ならば、維持・整備などのサポート部分も含め、国内企業にこだわらなくてもいいのではないかという考え方もある。そこで、もし国産を諦めた場合、どのようなことが起きるのか考えてみたい。

日本が国産装備にこだわるべき大きな理由は、まずはわが国の特殊な安全保障環境にある。あらゆる国産装備は憲法や専守防衛、非核三原則といった特有の国情に合わせて作られている。そうした装備は諸外国にはなく、輸入する場合は多くが改修を必要とする。

逆に、自衛隊が海外で活動するとなると、速やかに海外仕様に改修する必要が生じるが、その時も国内企業の力が必要だ。イラク派遣の際、従来使用していたものでは対応できないということで防弾チョッキを数千着単位で調達する必要が生じ、米国から調達しようとしたが、当時イラクやアフガンで軍を展開していた米国は自国兵士の分が最優先で、とても自衛隊に回せないということであった。そこで、国内企業がいわゆる「イラク仕様」の防弾チョッキを急ピッチで製造した。期限は数週間しかなかったが、出発に間に合わせた。この時は車両の防弾板も国内の企業が緊急的に改修している。

困っている自衛隊を国内企業が助けてきた。いくら同盟国でも、当然、自国優先なのである。

兵器の独立なくして国家の独立なし

国産であるべき理由

東日本大震災の災害派遣で、福島第一原発への散水を行なったヘリの姿に感動の身震いをした日本人は多かっただろう。そのヘリの中では、乗員が重装備に包まれ、防護マスクを装着しながら任務を行なっていた。

そんな防護マスクを付けたままでの無線交信は、聞き取りが非常に困難で苦労をしていたという。そのことを聞きつけた製造企業は、突貫工事で作業し、わずか数日後には「マイク付きマスク」を完成させたのだ。

こうした国内に製造基盤があるからこそなせる業は、自衛隊の海外活動や災害派遣の際にその恩恵をつくづく痛感してきた。「国産の意義」は、このような事例からも明らかだが、軍事におけるその理由はもっと根本的なところにある。

歴史をさかのぼりたい。一八八〇年（明治十三年）に大山巌・陸軍卿は銃の国産統一を決定した。村田経芳《むらたつねよし》が開発した「一三式村田銃」を採用したのだ。

大山や村田が特別に排他的だったというわけではない。両者とも欧米にくり返し赴き、海外事情に精通していた。だからこそ、銃を統一することの重要性を強く感じていたのだ。銃を統一することにより、教育や使用する弾薬の統一、またそれによって補給・整備をスムーズにさせる利点を彼らは外地での視察で思い知ったのだ。

因みに、大山の妻である大山捨松は夫を「いわお」と呼んでいたそうだ。ご存じの通り捨松は日本初の女子留学生で、家庭内も米国流儀だったのだ。その大山が国産統一化の意志を固めたことに重みを感じる。

『兵器の独立なくして国家の独立なし』

戦場の兵士たちにとっては、最新鋭の外国製のほうが魅力的であることは今も昔も変わらない。発展途上の国産銃に統一されることに不満の声もかなり出たようだが、大きなプレッシャーの中での決断だったに違いない。そこには大山の「兵器の独立なくして国家の独立なし」の強い信念があった。

そしてこの思想は単なる昔話でも懐古主義でもなく、海空軍が倒れた後も国土防衛し続けなくてはならない陸軍種、すなわち陸上自衛隊に通じている。

つまり、陸海空自衛隊それぞれの軍種によって戦う空間や時間軸が違うように、陸海空自衛隊にとっての「国産の意義」は意味が違ってくる。中でも、戦い続けること、つまり「継戦能力」が重要な陸上自衛隊こそが最も国産の意義をよく知らなくてはならないだろう。

もとより、明治の陸軍兵士もそのような高い意識を持っていたわけではなく、命を預ける銃を上の一存で決められるのには戸惑ったはずだ。そんな中、小さいながらも大きな出来事があった。

荒木肇さんの『日本軍はこんな兵器で戦った』（並木書房）に興味深いエピソードがある。村田銃には初めて小銃の遊底の上に菊花の皇室御紋章を刻印したという。欧州各国で王家の紋章を入れていたのと同じようにしたのだ。この意図は「兵器への尊重心」だったと荒木さんは推測している。

「幕末・戊辰の役、佐賀の乱でも西南戦争でも、目立ったのは遺棄兵器である。壮兵だろうと徴兵だろうと、いざ、潰走するときにはすぐに兵器や装備を捨ててしまった。それはいわば『あてがいの道具』であって、国家の財産という意識が育っていないことを表した。これが後になって行き過ぎると『陛下からお預かりした兵器を死んでも手放すな』という本末転倒な意識の形成に役だってしまったことは否定できない。しかし、村田の願いはそんなものではなかったと思う」（『日本軍はこんな兵器で戦った』より）

このような史実を知ると、装備の国産化には「意識の統一」のための何らかの仕掛けが欠かせないということを実感する。優れた外国製品の情報がいくらでも手に入る今、意識統一の工夫なしに「国産は大事」だと言っても隊員の耳には届かないのかもしれない。

日本人と欧米人の体型の違い

村田銃への統一は、当時の兵士の体格も考慮することができた。これは、現代も米国製の航空機では操縦席に座ると「足が届きません！」ということになるなど不便があるのと同じで、体格の違いは実際大きな問題だ（自衛隊ではヤセ我慢で通していることが多いが）。

例えば「鉄帽」と呼ばれるヘルメットは、隊員の死傷率を低減させるための重要アイテムであるが、戦後は米軍から供与されたM1型を使用し、一九六六年（昭和四十

88式鉄帽を着用した第1空挺団の隊員（写真：陸上自衛隊HPより引用）

米軍のM1ヘルメット。1941年、M1917ヘルメットの後継として採用され、1985年まで運用された。陸上自衛隊でも戦後、米軍から供与された（写真：米陸軍）

一年）に国産化されている（六六式鉄帽）。

国産化にこだわったのには大きな理由があった。それは日本人特有の「頭の形」だ。上から見ると、日本人はほぼ真ん丸の「大豆型」だが、欧米人は「アーモンド型」なのだ。そのため米国製は性能は優れていても日本人の頭に合わず、射撃の時にガタガタ揺れて「前が見えません！」ということが多かったという。

どんなに高性能であっても体型にマッチしなければ隊員の生命を守ることができない。鉄帽はその後、一九八八年（昭和六十三年）に改良され、高強度の複合繊維を何十枚も重ねた「八八式鉄帽」となり、軽量化された。因みに、二〇一三年（平成二十五年）度予算からより軽量化され進化した八八式鉄帽の改良型の調達が始まっている。

このような、ヘルメットや靴、被服といった物品は、一般人でもよく知っているアイテムだけに、予算要求が難しい面もある。

「ヘルメットの形が頭に合わない？　ちょっと我慢すればいいことだろう」と。服であれ靴であれ、大した問題ではないと思われがちなのだ。

しかし、自衛官はそれを何時間も装着し続けて活動する。よく、災害派遣で自治体の役所に連絡要員の自衛官が入っている姿がテレビ報道で映し出されているが、必ずヘルメットをかぶっているので私はいつも気の毒に思っている。まして戦闘というより過酷な状況下においては、負担軽減がなおさら不可欠な要素となることは言うまでもない。

ところが、長期間の使用などしたことのない人にとっては、なぜ自分たちと同じ物で満足しないのかと思うわけだ。しかし、これらは自衛官の生命をも左右するものであり、難燃性や長時間着用による耐ストレス性、日本の気候・風土、体型や、欧米人との体型差から生じる臓器位置の違いに至るまで、仕様書には明記されていなくても、微に細に渡り考慮されている。これは自衛官ですら知らない事実だ。

実際、製造メーカーでは自衛官に想定される環境下で一日中装着して体感する試験も行なっている。

また、自衛隊の発注は数が多そうに見えるが、陸上自衛隊全員に行き渡らせるような需品類でも一五万個ほどにすぎず、企業にとっては決して大量生産とは言えない。戦車の部品などでは、たったひとつの物作りを依頼する場合もある。このような小ロットで、しかも「国内事情」による特殊なオーダーをしっかり理解してくれるのは、そもそも国内企業くらいしか考え難いのだ。

日本ならではの「国内事情」

「国内事情」とは何か。例えば、自衛隊では道路交通法やディーゼル規制などを始めとする各種国内規制に従う必要がある。そのため、戦車にウインカーをつけたりトラックは排ガス規制をクリアしなくてはならない。重量は国内の道路・橋梁に適応しなければならず、外国製品には不必要な条件が満載だ。

当然のことながら、車両であれば泥濘など不整地での走行といったミルスペックも満たさなくてはならない。全ての条件を満たすためには、民生品の三倍にあたる約六年間の開発・試験期間がかかるという。民生品と同じように見えるトラックでも、性能は大違いなのである。

また、自衛隊では射撃訓練で薬莢を全て拾い集めているのは有名な話だ。薬莢が足りなければ出てくるまで何日でも何ヵ月でも訓練を中止し探し続けなくてはならない。もちろん、そんな慣習がなくなればいいが、日本において「銃を扱う」ということに対する神経質さは容易に変わるものではない。

そのため、もし「一発足りない」という事態になった時に、それが最初からなかったのか、どこかの過程でなくなったのか、必ず明らかにさせる必要がある。そこで、小口径弾薬メーカーの旭精機ではX線撮影装置までも導入し「最初からなかった」ことがあり得ないシステムを作ったのだ。数量管理のためのエックス線検査導入などは、海外企業にはとても理解できないことだろう。

とはいえ、弾薬類が国産であることに対する理解が完全に得られているわけではない。自衛隊の特殊な事情など考慮せずに「輸入のほうがリーズナブルで高性能」だという人は常にいる。民主党政権時の「事業仕分け」では「訓練用の弾を輸入にしたらどうか」という検討もなされた。

陸上自衛隊の隊員による射撃訓練模様（写真：陸上自衛隊）

これについては、市川文一・元陸上自衛隊武器学校長が「軍事研究」に寄稿した「小火器弾薬が国産でなければならない理由」で明確に解説されている。

まず、価格についても誤解があるという。巷間言われる、国産弾は「海外より三倍高い」という話について「海外製品の平均的価格よりもやや高めという表現が適当」であり「海外製品の三倍の推測は間違いなく誤りである」としている。

性能については「日本で生産される弾薬は海外製品と比べて全く遜色はない。というよりも、かなり上位の性能である。自衛隊においては国産弾しか射撃していないという誤解があるが、小火器弾についても輸入して射撃をしている。陸上自衛隊の上級射手の評価は、国産弾はバラツキが少なく輸入弾よりも優れるというものであった」としている。

均一性が命の弾薬

実は、命中精度は、弾ごとのバラツキを如何に押さえるかが左右するのである。たった一つのダメな弾が狙ったところに当たらなければ射手は照準を変えてしまう。そうなると残りの問題ない弾も当たらなくなってしまう。「弾の均一性」が最重要なのはこのためなのだ。

射薬量や形状を限界近くまで均一にすることにより弾着のバラツキを最小化しているのがまさに国産弾なのであり、これもあまり知られていない。

この「均一性」を保つため、日本で必ず行なわれるのは「目視」による検査である。もちろん、機械による検査も経てた上で、その機械でも排除できなかった不良個所をスキルの高い検査員の目を通すことによりさらに見極めることができるのだ。

数量管理のみならず、こうした品質管理を諸外国で行なうことはあり得ない。もし同じシステムを海外メーカーに義務づけたら価格は跳ね上がるだろう（そもそもそんな条件で受注してくれるかどうか分からないが）。

「国内事情」は他にも、演習場が狭いという訓練環境の不足がある。日本ではすぐ近くに民家が並び、民間人が立ち入ることさえある。徹底した安全対策が欠かせないのである。住民を不安にさせないことが、これも日本ならではであるが、自衛隊にとっては至上命題となっている。

さらに、近年は「鉛」の問題がある。これまで弾頭には鉛が使われていたが、鉛による汚染や健康被害が問題視され、自衛隊では近年、全てを無鉛弾に切り替えている。この対策は国によってまだまだ徹底されていないとみられ、このような環境対策の面でも、輸入への転換はそう簡単ではないのである。

靴下と戦闘機どちらが重要か？

このように国産の意義を挙げてみると、陸海空自衛隊の中で最も国産にこだわるべきは、様々な要因から陸上自衛隊であることが改めて分かる。

しかし問題なのは、陸上自衛隊の装備全般の必要性が海空自衛隊と比べて理解され難いということだ。

小銃と戦闘機と潜水艦のどれが一番重要か？　と問えば、多くの人が戦闘機や潜水艦を優位だと考えるだろう。それが靴や靴下といったものに至っては、なおのこと軽く見られがちだ。

しかし、数十キロを行軍する歩兵にとって靴下が破ければ戦力が著しく低下するし、下着ひとつとっても、何週間も着たきり雀となる彼らの感覚を私たちが分かるはずがない。

その意味で、よく「選択と集中」などと、必要なものとそうでないものを選別するといった発想が出てくるが、運用を知らない人がこれを行なうのは極めて乱暴なのである。

一方で、海空自衛隊が国産化を目指さなくてもいいのかと言えば、そんなことは全くなく、米軍との共同運用性を重視する装備については米国製を導入しているとはいえ、実際には潜水艦も護衛艦も国産であり、戦闘機も国産か日本主導の共同開発を目指そうと奮闘している。

海空装備も何とかして国産を残すべく努力しているのである。これは国産の利点を実感した先人たちが苦労して残してきたことであり、同じように未来の自衛隊を考える時、今を生きる私たち世代の責任として継承すべきことであり「今現在、只今」の必要性からのみで防衛力整備を行なうべきではない。

日本は敗戦後、あらゆる兵器製造技術を封印された。

しかし、朝鮮戦争が起こり、その後の自衛隊発足とともに再び国内で装備品製造が始められることになったのは奇跡のような出来事だった。

こうした運命に助けられ、当時の技術者たちは再びかろうじて灯った国産兵器製造のほのかな明かりを残していくことに全力を投じたのである。

川崎重工業神戸工場にて建造された「そうりゅう」型潜水艦「しょうりゅう」
（出典：海上自衛隊ホームページ）

それが一九七〇年（昭和四十五年）、中曽根康弘防衛庁長官時代に当時の防衛庁で出された事務次官通達「国産化方針」につながっていった。しかしこの「国産化方針」は五〇年近く後に思わぬ運命を辿る。

消える「国産化」とライセンス生産

「基盤戦略」から「国産化方針」消える

縷々述べてきたように、日本のおかれた特殊な事情からも、自衛隊の装備は国産を追求することが欠かせない。ところが、日本の政策はどういうわけかその鉄則を放棄しようとしているように見える。

二〇一四年（平成二十六年）に、防衛省は「防衛生産技術基盤戦略」（基盤戦略）を策定し、今後の国産の防衛装備を強化する具体的な施策を検討し始めたが、一九七〇年（昭和四十五年）の中曽根防衛庁長官時代から五〇年近く継承してきた「国産化方針」をなんと事実上、消滅させてしまった。

防衛省の「基盤戦略」は、前年の二〇一三年（平成二十五年）一二月に、わが国として初めてまとめられ閣議決定した「国家安全保障戦略」を受けたものだった。「国家安全保障戦略」では「限られた資源で防衛力を安定的かつ中長期的に整備、維持及び運用していくため、防衛装備品の効果的・効率的な取得に努めるとともに、国際競争力の強化を含めた我が国の防衛生産・技術基盤を維持・強化 していく」と書き込まれた。

これを踏襲して防衛省の「戦略」が出されたのはいいが、「国産化方針に代わり」今後の防衛生産技術基盤の維持・強化の方針を新たに示すもの、としているため「国産化方針」を諦めてしまったかのような印象を与え、当時そのようにも報じられていた。

しかし、戦略で謳っている「国際競争力をつける」ことも「国際共同開発」も「デュアルユース」も全ては、そこに国産技術があってこその話である。

防衛省によれば、これは「国産化方針」という名称の事務次官通達を見直すだけで「国産」をやめて、国際共同開発をするといった考え方ではないということだったが、マスコミなどにはその意図はしっかり伝わっていなかった。

国内装備に向けられた厳しい視線

実際、ここには「排除」の思惑が秘められていたのではないかと疑ってしまう。国内企業による国内調達でなければ日本の特殊な国土・国情に対応できないことは理解しているとしても、一方で、日本をとりまく安全保障環境の劇的な変化も無視できない。

中国や北朝鮮などが次々に最新鋭の兵器開発を進めるのを横目に、日本の国産技術では太刀打ちできないといった空気が漂っていた。

日本の防衛産業は「ガラパゴス化している」と数々の識者からも指摘され、日本企業に気合を入れなければならないと、少なからぬ関係者が思うようになっていた。

「選択と集中をするべき」

そんな言葉も流行した。

確かに、輸出ができず、競争も市場もなく、お客さんは自衛隊さんだけ、という日本の防衛産業は「ぬるま湯体質」だと言われても仕方がなかった。厳しい競争にさらされることもない「温室育ち」とも言われた。常に海外の最新情報にアクセスし進化を試みているのは一部の企業にすぎず、多くは「仕事が来るのを待っているだけじゃないか」と厳しい目で見られるようになっていたのだ。

まだ東京・六本木に防衛庁があった時代には防衛産業と装備部署との「歪んだ関係」が目に余るものとなっていた。装備担当部署に企業の人が缶ビールを持ち込み夕方になると酒杯を交わしていたのだとか。もちろん互いのコミュニケーションを図り、こうした親交が次なる装備開発に繋がる面は大いにあるとは思うし、そもそもはそうした発意から懇談の場が始まったのだろうが、これが習慣化していき、企業の若手担当も自衛隊にモーニングセットを機械的に買って行くのが日常、部署の自衛官も与えられるのが当たり前ということになると、もはや何のためなのか分からなくなっていたのではないか。言うまでもなく周囲からの理解は得難い。

現場の自衛官にとってみれば、防衛産業に再就職するのは上層部の一部の幹部であり、自分たちはそのために買わされた装備をただ受け入れるしかない、恩恵を受けるのは上司たちだけという感覚になるだろうし、何より自らの命を預ける装備の「ガラパゴス化」という本質的な問題も見過ごせなかった。

「ガラパゴス化」は、そもそも日本の防衛政策そのものが特殊で、防衛産業はそれに合わせているにすぎないのだが、海外の情報が数多く入ってくると、日本のものは遅れている、あるいは遅れているものを採用しているという認識が強くなっていた。

残す努力せずに間引きするのか

「優れたものは残して、そうでないものは国産でなくていい」

そんな考え方が現在では主流になってきている。そしてこの思想が「国産化方針」を過去の産物にしたように思えてならない。しかし、では誰が「優れたもの」と「そうでないもの」を区別するのか。具体的な施策をしようとすると必ず壁が立ちはだかる。例えば、新型コロナウイルスが登場するまで、中国産のマスクが市場を占めていることに誰が疑問を呈しただろうか。「マスクの国産技術を守ろう！」とは、誰も言っていなかった。

同じように、防衛装備品でも今は必要性がそれほど高くないと思われていても、何年後かに非常に重要になることはあり得る。だからと言って「何でもかんでも残すことはできないだろう！」とよく怒られることがある。しかし、現在、よく言われているのは競争力のあるものを「選ぶ」という、いわば「間引き」の発想であり「残す努力」をせずにとにかく選別しようという風潮には疑問を持っている。まずは「残す努力」を先にすべきではないか。

残す努力について、どのような方策が考え得るかについては改めて述べたいが、いずれにしても「防衛生産・技術基盤の維持」とは、「可哀想な防衛産業（企業の防衛部門）に送るエール」でも何でもなく、残しておかないと「日本の防衛力が困る」つまり、自分たちの生命に関わる施策と言っていいことを、繰り返し認識して政策なり戦略なりを進めて欲しいと思う。

また、防衛技術の優れたものに重点投資し国際競争力を持つよう成長させる産業政策的な考え方もあるが、これは日本の防衛力という観点からはあまり適切とは言えない。経産省の方などがこの視点で施策を試みるのはあっていいとしても、防衛省・自衛隊関係者は「防衛力においては馴染まない」という立場を主張するべきではないだろうか。

装備輸入の歴史的経緯

一方、輸入を全て否定するわけではない。そもそも戦後の日本は輸入から始まったのであり、輸入技術抜きにして自衛隊の防衛装備は成り立たない。まして商社が防衛産業に比べて愛国心がないかといえば全くそんなことはなく、むしろ人後に落ちない。

日本の優れた点は、ただ買うだけの状態を続けることなく、許される限りライセンス国産（ラ国）を試みたことだ。ラ国こそが、敗戦で根こそぎ奪われた日本の防衛技術を興隆させたと言っていい。

例えば潜水艦は日露戦争の時代に国産化が始められていた。当時の日本は米国のホーランド型潜水艇五隻を購入した。そして、このホーランド型を参考にして川崎造船所が国産の潜水艇二隻を建造したのだ。これが、わが国初の潜水艦だ。そしてそのうちの一隻が、あの「第六潜水艇」である。かの有名な佐久間艇長が乗っていたものだ。

第六潜水艇は一九一〇年（明治四十三年）四月一五日、岩国沖で試験航行中に浮上できなくなり、海軍大尉（当時）佐久間勉艇長以下一四名の乗組員全員が死亡した。この事故は当時大きく報じられた。

アメリカからの貸与艦である潜水艦「くろしお」(元ガトー級潜水艦「ミンゴ」)

海外で起きた潜水艦の事故では、乗組員がわれ先にハッチに殺到し、そこで息絶えているという悲惨な状態で発見されていた。第六潜水艇でもそのようなことになっているのではないかと案じられていたが、引き揚げてみると、全員が持ち場を離れずに絶命していたという。最後まで任務をまっとうしようとした乗組員、そして死を目前にしている中で事故の経過や部下家族への気遣いを冷静に記していた佐久間艇長、その遺書が公開されると国内のみならず海外からも称賛の声が寄せられた。遺書にはこの事故が将来の潜水艦の発展に水を差すことになるのではいかと案じる文言もあり、日本海軍はその遺志を受け、国産潜水艦建造にまい進したのだった。

国産潜水艦の復活

そうした国産技術は敗戦によって絶滅状態になったが、一九五四年（昭和二十九年）に海上自衛隊が発足し、再び夜明けを迎える。一九五五年

戦後初の通常動力型潜水艦である「おやしお」

（昭和三十年）には米海軍から潜水艦「ミンゴ」が貸与されることになった。これが日本で名前を変え「くろしお」と命名された。この「くろしお」が海上自衛隊潜水艦史の一ページ目となる。その後、米国の支援の下で、一九五七年（昭和三十二年）にとうとう国産の一番艦「おやしお」の建造が始まり一九六〇年（昭和三十五年）に就役した。これが、紛れもない戦後初の国産潜水艦だ。建造はあの第六潜水艇と同じ川崎造船（現在の川崎重工業）であった。

戦前も戦後も米国の潜水艦を模してわが国の国産潜水艦は誕生している。今や米国装備品も多くが「ブラックボックス」化されていて、ラ国に進展するケースが少なくなっているが、敗戦国の日本にとって、多くの装備がラ国できたのは実にありがたいことだった。

「出藍の誉れ」が多い日本のラ国

ラ国をしている装備品は数多い。

小火器は、九ミリ拳銃（スイス）、五・五六ミリ機関銃ＭＩＮＩＭＩ（ベルギー）、一二・七ミリ重機関銃Ｍ２（米国）。

火砲は、一二〇ミリ迫撃砲ＲＴ（フランス）、八四ミリ無反動砲（スウェーデン）、

アメリカのマクドネル・ダグラス社(現ボーイング社)製F-15Jイーグル
(写真：航空自衛隊)

一五五ミリりゅう弾砲FH70（ドイツ）、多連装ロケットシステム自走発射機M270（米国）。

戦闘機は、F－4EJ・EJ改（機体、エンジンとも米国）、F－15J・DJ（機体、エンジンとも米国）、哨戒機はP－3C（機体、エンジンとも米国）。

回転翼機はAH－64D（機体、エンジンとも米国）、CH－47J／JA（機体、エンジンとも米国）、OH－6D（機体、エンジンともに米国）、SH－60J／K（機体、エンジンとも米国）、MCH－101（機体はイギリスとイタリア、エンジンはイギリスとフランス）、UH－60J（機体、エンジンとも米国）UH－1H／J（機体、エンジンとも米国）、UH－60JA（機体、エンジンとも米国)。

弾薬類は、一二〇ミリ迫撃砲用弾薬（フランス)、八四ミリ無反動砲用弾薬（スウェーデン)、チャフロケット（イギリス)。誘導武器は、艦対空ミサイル・シースパロー（米国）など。このほか、戦闘機F－2のエンジン、航空機、車両、護衛艦の各種装置や搭載砲などでラ国のものがある。

ラ国は将来の「国産化」という可能性を秘めていることが大きなポイントだ。例えば、戦車の砲身はドイツのラインメタル社のものを日本製鋼所がライセンス生産していたが、一〇式戦車ではついに砲身（五二口径一二〇ミリ滑腔砲）が日本製鋼所製となり、一〇〇%国産となった。

ラ国が国産になる経緯は、日本の場合は二〇年にもわたる長期運用をするため、母国で作らなくなってしまう事情もあるが、日本人の技術力で元

国産の最新鋭戦車である10式戦車(撮影：雑誌「丸」写真部)

アメリカのマクドネル・ダグラス社(現ボーイング社)製
AH-64Dアパッチ(写真：陸上自衛隊)

の製品よりも優れたものに変化していることが多く、まさに「出藍の誉れ」と言える。

ラ国製品の輸出も

ラ国をしていた製品が国産となり、それを元々作っていた国が欲しがるという現象も起きている。「スペイ」（ＳＭＩＣ）という船用ガスタービンエンジンは、英ロールスロイス社製を川崎重工業がライセンス生産し、これまで「むらさめ」型、「たかなみ」型、「ましゅう」型、「あきづき」型などの護衛艦に搭載されていたが、これが一〇〇%国産の権利を獲得したのだ。

そのエンジンはすでにロールスロイス社が製造を打ち切っていたため、英海軍からの要望で逆に英海軍向けに輸出をすることになったのだ。二〇一二年（平成二十四年）のことだったが、このエンジンは民生品でも使われていたため、当時の「武器輸出三原則」には抵触しなかった。

ラ国を続け、母国のものよりも優れた製品に成長させたことによる成果だと言っていい。同時に、自衛隊の整備力の高いことも見過ごせない。世界の軍の中で自衛隊ほど「物を大事に扱う軍」はいないだろう。諸外国の軍関係者から見て自衛隊装備は輝いて見える（磨きすぎているだけではない！）。「貴国のオーバーホールのノウハウを教えて欲しい」と外国企業から問われるほどだ。

ただし、どんなに装備を生まれ変わらせる実力を持っていても、部品が枯渇していては作ることができない。ラ国をしていつまでも使っている日本にとっては、製造元が作るのをやめると部品が手に入らなくなる。そうなればお手上げだ。「国産化」の意義はここにある。

川崎重工はイージス艦「まや」（27DDG）の発電用ガスタービンエンジン国産化も達成させることになった。「まや」は機械推進と電気推進を合わせた「ハイブリッド推進」が採用されている。

「こんごう」型や「あたご」型イージス艦はガスタービンエンジンのみを使用して航行していたが、ガスタービンエンジンは低速航行時には燃費が悪くなってしまうため、電気推進とガスタービンを組み合わせた「ハイブリッド推進」を採用したのだ。燃料費だけでなく、国産化によって部品交換が国内で可能になることでも大幅なコスト削減に貢献したと言っていいだろう。

ＦＭＳは金食い虫？？？

見失われた「国産化方針」真の意味

「ラ国」→「国産」の成功例を積み上げ、実力を確立してきた国内防衛産業であったが、その躍進に陰りが出てきた。

たった今も世間を騒がせているが、ぬるま湯体質の官民関係ができていたり、自衛隊装備の要求性能そのものが「安全性」や「均一性」など世界では類を見ない基準を重視する特殊性からも、画期的な成長は困難になっていたのだ。

何より、研究・開発予算が少ないことは致命的だろう。新たな自衛隊向けの装備を作るためには、それぞれの企業が初期投資をして取り組むことになる。挙句の果てに競争入札で、最終的にその仕事を獲得できる確約もない。

つまり、国の姿勢として、とても国内防衛技術を活性化させるものとは言えなかったのである。つまり、日本は「国産化方針」は決めたものの、国産防衛技術を育てる努力が極めて不十分だったのだ。

「国産化方針」の真の意味は見失われていた。どちらかと言うと「ラ国」をして輸入品を「国産化」する意味で認識していた人が多かったのだろうか。

いずれにしても、わが国の「国産化方針」は国産技術を高めることに十分な投資をしないまま続けられたのだ。そのうちに、得意としていた「ラ国」が、多くの装備でコア技術のブラックボックス化が進み、これまでのように振るわなくなっていった。

同時に、自衛隊は近年、大きな転換期に入っていた。「自衛隊が」というよりも「東アジアの安全保障環境が」と言ったほうが適切だが、北朝鮮の相次ぐミサイル発射や中国の台頭などにより、装備の刷新は焦眉の急となったのだ。

しかし、わが国では「装備化」に漕ぎつけるまでに気の遠くなるような時間と労力がかかる。あらゆる審査に通らなければならないが、これが極めて厳格だ。計画審査、システム審査、基本設計審査、細部設計審査、関連試験検査、関連検査などがある上に、それぞれの審査に、技術検討会、予備審査、本審査が必要となる。全てのプロセスを経ると開発には一〇年は軽くかかる。

この過程でやり直しも出てくるため、当初計画よりも時間がかかったり、費用がかさんだりするのだ。因みに一つ一つの審査などで消費される書類の量も莫大で、審査前日、コピー機を終日フル稼働して作業する姿に、他部署から「また森がひとつ消えるね」などと揶揄されるのだそうだ。いくら紙を使っても開発費に計上されるはずはなく、これも民間企業による見えない苦労の氷山の一角と言えるだろう。

当たり前になったFMS

輸入品であっても、開発モノほどではないが、装備化するまでには五年ほどはかかる。そのため、最もスピーディに装備化ができるＦＭＳ（Foreign Military Sales＝対外有償軍事援助）での買い物が増えていくことになった。

ＦＭＳは米国が同盟国に装備品を売るシステムで、米国は一六〇ヵ国とやり取りをしている。日本で警察予備隊が誕生して自衛隊に発展していく中で、当初は米軍からの「お下がり」が無償で貸与されていたことはすでに述べたが、それが、日本の経済成長とともに無償ではなく「有償」になったものだ。

ＦＭＳは商社を介する一般輸入と違って政府が窓口であるため、購入する時は低価格で、また教育・訓練の提供を受けることができるメリットがある。

F-35ライトニングⅡ。航空自衛隊は、有償援助（FMS）で平成28年度に米国内生産の4機及び、日本国内で生産された38機の計42機を配備予定である（写真：航空自衛隊）

しかし一方で、トラブルが発生しても商社のようにフォローをしてくれることはないため、何か起こると面倒なことになる。その「何か」が起きることが非常に多いのがＦＭＳで、そこが厄介なのだ。

ここ数年でＦＭＳでの装備品購入は急増した。特に二〇一五年（平成二十七年）度は新型イージス艦搭載システム、Ｆ－35、ＭＶ－22（オスプレイ）等の購入で、前年の一八七三億円から四七一九億円に一気に膨れ上がり、その後は四〇〇〇億～七〇〇〇億円超で推移している。ＦＭＳが多くの割合を占めることが当たり前になり、当然のことながら国内企業の防衛需要は大きく減少している。

つまり、国内の「防衛生産・技術基

盤」維持・強化の取り組みをする傍らで、日本の防衛産業にはますます逆風が吹く環境となっているのである。

FMSの問題点

FMSによる購入は、激動する安全保障環境を鑑みれば不可避の流れであったが、様々な問題点が自衛隊の活動に影響を及ぼしているため、日本側の「買う体制」の整備が急務となっている。

問題点をざっとあげると、①価格は見積もりであること②原則的に前払いであること③納期はあくまで予定であること④米政府側の方針変更があればいつでも（米国が）契約解除できること、などの条件下で取引をしなければならない。

二〇年ほども運用する可能性が高い自衛隊とスパイラルに仕様を変更していく米軍では、そもそも更新サイクルに大きな差がある。まして日本では「延命」などと言ってより長期に渡り使おうという傾向もあるため、部品製造中止や価格高騰リスクを常に背負うことになるのだ。

「低価格で購入できることがFMSのメリット」と書いたが、これはあくまでも「購入時」のもので、一年後に回された同じ装備の請求書を見て、ある装備担当部署のトップは「ゼロが（桁が）一つ増えているじゃないか！」と激怒したという。価格が何倍にも膨れ上がるのはよくある話なのだ。

これは、米国の日本に対する「いじめ」というわけではなく、日本のように綿密な計算をして「予定価格」を決めるわけではない、元来いわば「ドンブリ勘定」の上で成り立っている仕組みなのでどうしようもないところだ。しかし米国では、数年でバージョンを更新することがよくあるため、購入時と同じ条件が続くと考える方がおかしいということになる。

常識の違いもある。例えば、米軍の演習場を使用したり、その際に米軍関係者のサポートを受けることもFMS契約で行なわれるが、日本側はその予算執行にあたり「米軍から何人来たのか」などの細かい情報が必要となる。一方で、米側ではそのような細かいことはいちいち管理していないことが多い。むしろそんなことを知りたがる「ジエイタイが細かすぎる！」ということになるだろう。

その意味で、FMSでかかった経費については常に会計検査院や財務省に追及されることになってしまい、防衛省・自衛隊があたかもムダ遣いをしたような印象を世間に与えてしまうのである。

ＦＭＳが金食い虫になる事情

米国には納期を守る義務はない、契約も米国の都合で一方的に解除できる、そのような条件がいかにも不平等条約のように非難されるが、先方の立場から考えてみれば、ある意味で当然と言える。たとえ同盟国でも、自国の兵士のための製造を優先するのは当然であり、日本における「納期を死守する」といった概念を当てはめて是非を論じる方が無理があるのだ。

とはいえ、そんな大らかなことは言っていられないのは、現場の実情だ。ブラックボックスばかりで故障などで修理が必要な場合は母国に送ることになるが、輸送だけでも数ヵ月かかる場合もあり、納期遅延は覚悟しなければならない。

修理に出したら最後「二年前に送ったきり戻って来ません」などという話もザラにあるようだ。また、そもそも納入が六年以上も遅れた誘導弾があったり、戦闘機の通信機器が九年以上納入されなかったケースもあるという。結局、購入する時は「すぐに」「最新のものを」と良かれと思い決めても、後で泣かされることになるパターンが少なくないのだ。

また、ＦＭＳ装備で費用が膨れ上がるのは、米側の事情だけではない。例の如く「日本の特殊な事情」によるものもある。

日本の法律に合わせたり、価格を低減させるために搭載武器を外したり、逆に日本国内で使うために必要な措置を施すことで「日本仕様」に変えることはよくある。もちろん、そのために余計な費用がかかるのだ。

こうしたプラスαも含めた諸経費はメディアで報道される際に考慮されていない。収納設備を作ったり、整備のための設備を構えたり、要員育成のための教育・訓練を行なうことや、それに必要な施設……あらゆる経費を考慮して初めてコストが分かるのだ。それらの経費が計上されない「機体だけ」「どんがらだけ」の価格を割り出しても、全く意味がないのだが、将来経費が読み切れないためにその意味のない数字が新聞等に踊り、結果的に「当初より価格が暴騰しているじゃないか！」と国民のお叱りを受けることになってしまうのである。

米側のバージョンアップによるものか、または日本側の事情により「新たに生じる」付属品なのか、いずれにしても、当初は予測できなかったコストアップを引き受けるのは、契約を決めた数年後の担当者になってしまう。次の世代（後任者）にツケを回さないためにも、何より運用の現場を苦労させないためにも、ＦＭＳでの購入には戦略的なプランが必要だと感じる。

その究極は「将来的な国産化」だろう。防衛装備庁では、例えば、早期警戒機Ｅ－

２Ｃの後継機を選定する時には国産も選択できるよう航空自衛隊と装備庁で要素研究を進めているといい、水陸両用車ＡＡＶ７についても、国産に向けた研究開発予算が認められているなど、決して十分とは言えないのかもしれないが、ＦＭＳ依存を続け、振り回されることのないような措置が考えられていることは救いだ。

増加する「政治案件」

ＦＭＳの問題は、とにかくこちら側でのハンドリングが一切できない点に尽きるだろう。どんなに良い物でも、これでは「兵器の独立」からは程遠い。振り返ればＦＭＳは、かつて米国から装備を無償で提供されていたものが有償になったものと前述したが、当時それらを国産にすべく、敗戦で失われた技術を必死に取り戻し、やっとのことで国産装備品を製造できるようになった経緯を考えれば、今また「依存型」に戻そうというのは、先人たちを足蹴にするに等しいだろう。ＦＭＳを頭から否定はしないが、買うならばそれに依存し、縛られない施策が併せて必要だ。

最近、すっかり忘れられたようだが「イージス・アショア」も、ＦＭＳとしてコストが見積もれない問題が本来は大きかったが、別の色々な案件があってそれどころではなくなってしまった。

海上自衛隊護衛艦「ひゅうが」艦上のMV-22オスプレイ（写真：米海兵隊）

アショアを導入すると、陸上自衛隊は最低限必要な経費だけで年間一〇〇〇億円以上を捻出する必要があると見込まれていた。しかし毎年、陸上自衛隊に振り分けられる装備取得のための予算はだいたい三〇〇〇億円程度と言われており、実に三分の一以上をアショアに使うことになってしまうというとても無謀な計画だったのだ。しかし、そのあたりの問題はブースターやレーダー選定の話にかき消されて話題にならなかった（今後もどうなるか分からないが）。

ここ数年で、オスプレイやＡＡＶ７を導入し、予測困難な支出を余儀なくされてきた陸上自衛隊は、ただでさえ老朽化した他の装備の更新や修理を我慢している状態だ。そこにアショアの負担がのしかかることは、現場隊員にかなりのダメージとなることは必至だ。アショアそのものは平時の守りに必要と考えるが、現状の枠内で陸上自衛隊の予算をこれ以上圧迫することはあってはならず、防衛費の大幅な増額は不可欠だろう。

ただ、大前提として、装備品は自衛隊が必要とする物を購入しなければならないはずで、それであればまだしも、最近はニーズが積み上げられたものではないのに、なぜか買うことになってしまったような話が多い。

こうした買い物は「政治案件」と呼ばれるが、航空自衛隊が導入する予定とされた大型無人偵察機グローバルホークも、それに部類するのかもしれない。グローバルホークは二〇二一年（令和三年）度の配備が計画されていたが、「調達中止も視野に再検討を行っている」と報じられた。

そのきっかけとなったのは、米空軍が日本が購入する予定の「ブロック30」を退役させる方針を示したことだった。そもそも日本は最新型を売ってもらえるわけではなく、ひとつ古い型の「ブロック30」を買うことになっていたのだから想像し得ることだったようにも思えるが、いずれにしても、空軍がこれを退役させれば、同型を保有するのは日本と韓国だけになってしまうという。そして、製造国が作らなくなれば、またぞろ部品が手に入り難くなり価格も高騰する。運用上も不便な状況に陥る可能性は高いのだ。

また、それ以前に、政府がグローバルホークの導入を決めた二〇一四年（平成二十六年）当初はトータルで約五一〇億円と見積もられていた経費が、二〇一七年（平成二十九年）に米側から約二三％の増額を提示されたことも見直しを検討する大きな要因となっているだろう。

グローバルホーク導入の目的は、北朝鮮や島嶼部の警戒監視のためとされているが、どうもこれは「後付け」の理由ではないかとの噂も絶えなかった。というのは、運用の当事者である空自関係者の間で「導入の必要はないのでは？」という声が少なからずあったからだ。さらに言えば、グローバルホークは陸上監視向けで、洋上には適さないと言われている。

ただ、すでに払ってしまった調達費もあり、導入を中止すればイージス・アショア同様「ムダ遣い」分が出ることは避け難い。

予算の構造に問題あり！

ＦＭＳの罠

「トゥキディデスの罠」とは、従来の覇権国家と台頭する新興国家が戦争が不可避な状態にまで衝突する現象を言い表す言葉だが、私は現在の自衛隊が陥っている装備調達の状況を「ＦＭＳの罠」と名付けたい。

購入を決めたはいいが、価格高騰や日米双方の環境変化によって、とてもそれを買うことは困難だということになっても、一度でも予算をそこに投じてしまったために「後戻りできない」ということになってしまうのだ。

違約金を払ってでもやめるべきだと分かっていても、国民の税金をムダにしたという決定的な失敗を自ら明らかにすることになり担当者の厳正な処分は免れない。そのため、どんなに無理があっても計画通りに進めるしかなくなってしまうのだ。

装備調達に想定外は常だ。超能力者や占い師ならともかく、未来予測を完璧にすることは人間にはできないため失敗はやむを得ない面もある。

しかし、現場の要望もないのに「大人の事情」で購入を決めたことによる失敗は許されざるものだ。自衛官は装備に自らの生命を預け、それを維持し運用するために全力を尽くす。誤った選択の結果は現場隊員が命懸けでツケを払うことになるのである。

話は飛ぶようだが、私は二〇一〇年（平成二十二年）に『誰も語らなかった防衛産業』（並木書房）を上梓して以降もできる限り防衛産業や関係者の話を聞いて歩いたが、段々とその活動に「辛さ」を感じるようになっていった。

どこで誰と話しても、苦しい実情ばかりがそこにあり、そして、自衛隊の現場でも矛盾や不足に耐える姿が多くあった。それらに触れて私自身も耐え難い苦痛を感じるようになってしまった。

自衛隊が憂いなく活動できるように何かをしたい、などと息巻いていた私にとって、年を経るごとに悪化するばかりの自衛隊や防衛産業の状況を目の前にしている無力感がつのり、そのうちに「取材に来て下さい」とせっかく声をかけてもらっても、とても気力が出ない状態になってしまった。

しかし、一〇年も経ってやっと気づいたことは、防衛行政の変革など私ごときにできることではなかったということだ。

身の程をわきまえず、これも修正したほうがいいあれも改善すべき、などといつも考え悩んできたが、この執筆を機にもう一度、少女のような⁉　気持ちに戻って、防衛装備をめぐる様々な話と私の思いを、面白いものも面白くないものも取り混ぜ、皆さんにお届けすることだけをしようと考えている。

未精算がいっぱい！

防衛基盤維持に対する私のやる気を削いだ要因の一つであるＦＭＳについて、もうひとつ問題を取り上げておきたい。

それは「未精算」が山積みになっている件である。

ＦＭＳ契約は納期が遅れるだけではなく、多めに見積もった額を先払いするため、後で過払い分を返してもらわなくてはならない仕組みとなっている。

しかし、自衛隊への納品が何年も遅れるのだから返金がスピーディに行なわれるはずもなく、年々これが積み上がり、二〇一二年（平成二十四年）度末には二二八二億七三六六万円余が未精算だと報じられ、納税者を改めて驚かせた。

これが二〇一九年（令和元年）度末には、モノが現場に届かない「未納入」が前年度から四九％減って約一六六億円に、払いすぎたお金が返って来ない「未精算」が前年度比三三％マイナスの約三三二億円となったというので、会計検査院の厳しい指摘を受け、防衛省が相当な努力をしたのだと想像する。

こうした、ＦＭＳ調達をめぐる金銭の（装備そのものも）やりとりのルーズさは対日本だけではないようで、最近、防衛省はワシントン駐在員を増員した上に、米国と取り引きする一一ヵ国に呼びかけてＦＭＳの業務体制強化のためにタッグを組むことになった。

日本を議長として、アルゼンチン、韓国、ニュージーランド、オランダ、ノルウェー、スペイン、オーストラリア、ベルギー、カナダ、ポーランドと多国間協議の場を設けたのだという。

河野太郎前防衛大臣の言葉を借りれば「プレッシャーをかける一環」とのことで、いわば「消費者の会」が力を合わせて米国への働きかけを行なうようだ。

それにしても、米国との清算のために省の人員を割き、世界的なネットワークを構築、基盤維持どころかこちらのほうに省の人員が割かれ、費用をかけているという、まことに皮肉な現実でもあるが……。

また、あまり指摘されないが、ＦＭＳの交渉などを担うのは主に内局（背広組）の方々で、自衛官との橋渡し役になる。運用者の実感がない者同士のやり取りとなるため、ＦＭＳの問題は段々と現場とかけ離れた次元の話になってしまうことも否めない。「装備は誰のために導入するのか」という本質が見失われがちになることがＦＭＳの大きな問題点と言えるだろう。

「ＦＭＳ基金」のすすめ

ところで、莫大な未精算金が少しずつ清算されているのはいいが、そのお金は防衛費に戻らず国庫に入るのである。

返金されることになっても、防衛省の予算は各年度ですでに決まっているため、そこに入れることはできないのだ。

つまり、防衛省・自衛隊の人たちが人員を割いて必死に作業し、交渉にあたっても、そのために費用をさらに消費するだけで防衛予算には何もプラスにならない。

ドルを日本に返還すると、円にするための手数料がかかることや、その時の為替レートもあり面倒なことのほうが多そうだ。

本来は自衛隊が使える予定だったはずで、国庫に戻さなくてはならないのは釈然としないが、現行の制度では諦めるしかない。結局、毎年の防衛予算のうちの一部は使われることのないまま、単に米国と日本を往復しているだけなのだからやるせない。

このことについて、精算残額は過去の審議を正式に経た防衛予算であり、返還額の範囲で新規の調達に充てることができる制度を整備すべきだと指摘する声もある。

至極当然であり、まずは「過払い金」を「戻してもらう」そして、次にそのお金を国庫にではなく「防衛費に戻す」あるいは、別に特別な予算枠を設けるなどの措置があっていい。

または「ＦＭＳ基金」のようなものを創設し、日米で使えるように貯めておいてはどうかという案もある。

わざわざドルを円に戻して、それを国庫に返金するなら「ＦＭＳ基金」にプールし、日米演習などの機会に使用できる予算として維持しておくほうがいいのではないかというもので、私もこのアイディアはとてもいいと思っている。

よく「未精算けしからん！　早く返してもらえ」という声が出るが、税金をムダ遣いしないためにも、清算を急ぐことだけが解決ではない。「ＦＭＳ貯金箱」を作ってはどうだろうか。

予算の構造に問題あり

ＦＭＳに多くを割かれている防衛費であるが、ここで一度、予算構造について触れておきたい。この防衛費の構造を知っていないと、防衛問題の本質に迫れないと私は思っている。

防衛関係費は大きく二つに分けられる。隊員の給与や食事のための「人件・糧食費」と、「物件費」だ。

そしてその「物件費」を分解すると「歳出化経費」と「一般物件費」に分けられる。「歳出化経費」は、過去の年度の契約に基づき支払われるお金、いわば毎年のローン払いの分で「一般物件費」は、その年度の契約に基づき支払われるものだ。

つまり「人件・糧食費」と「歳出化経費」といった「義務的経費」が八割以上を占めていることになる。

では「一般物件費」が「義務的」ではない自由に使えるものなのか、といえばそうではない。

「一般物件費」は装備の維持整備、教育訓練にかかる費用であったり、基地、駐屯地の光熱水料や航空機、船舶、車両の燃料、さらに在日米軍駐留経費や、基地周辺対策のための費用など、結局こちらも義務的じゃないわけではなく「維持的、義務的」な経費がかなり多くの部分を占めているのである。

今一度、おさらいをしてみよう。

防衛関係費はその約四四％が人件費、約三五％がローン払いという義務的経費、残りの二〇％に満たないお金がその年に使える金額である。しかし、その虎の子の二〇％も大半が米軍や基地周辺への自治体に支払われる分や装備の維持整備費になっているのである。

騒音対策や漁業・農業補償、地代などの支出もけっこうな金額であり「防衛予算」と言っても、実態は、地方自治体や漁協や地主などに渡る部分も少なくないことはおさえておきたいところだ。

また、維持整備にかかる費用は、昨今の装備の高性能化によってますます高額となり、新規購入額を上回っている。今後もこうした購入費よりも整備費が上回る状態は変わらないだろう。

因みに、防衛費において本来は最も力を入れたいところの「研究・開発費」に割く部分はほとんどなく、わずか約四％しかない。

民主党政権で防衛費がアップした!?

防衛費の半分近くが「人件・糧食費」なので、国家公務員の給与が上下動すると防衛費も変化するが、これもあまり話題にならない。

二〇一三年（平成二十五年）度末に自衛隊の給料がアップしたため防衛費が増額となった。アップといっても、これは東日本大震災の後に復興財源を捻出するために国家公務員給与が二年間、約八％削減されていたものが元に戻っただけのことだった。

本来であれば過酷な災害派遣にあたった自衛隊が「減給」されるなど正気の沙汰とは思えないが、国家公務員の三・五割を占めるという自衛隊員を例外にすることはできないということで適用されたものだった（因みに、地方公務員である警察・消防はその範囲ではない）。

その減給が終わった年の防衛費は約二七万人の隊員の「人件・糧食費」の増加分があり「大胆な増額をした」かのように見えたのだ。

また、民主党政権の時にもこんなことがあった。

「わずかだが防衛費が増えている！」

自民党政権時から減り続けていた防衛費が民主党になってみかけ上、微増していたため、驚きの声があがったのだ。「野田総理やるじゃないか」と称賛した人もいた。

しかし、実際には全く政権の意図したところではなかった。

これは、二〇一〇年（平成二十二年）に「子ども手当」が支給され、約二七万人の自衛隊員の子どもに（人数は分からないが）手当てされた分二三五億円が「人件・糧食費」に計上されたため、防衛費全体が図らずも「増額」となったのだ。そのため、物件費が削られてもみためは「防衛費増」という格好になったのである。

このような話をすると「では、人件費を減らしたほうがいい」と早合点されがちだが、それは全く違っている。人員不足が大問題になっていることは言うまでもない。

これまで与えられた範囲内で最大限の努力をしようとした関係者たちは活動費を確保するために人員を抑制し定員という所要人員数を満たさないようにあえてしてきてしまった（せざるを得なかった）のである。

自衛官不足の主な原因は「少子高齢化」だと思われているようだが、それはあくまでこれから先の懸念であり、現在の窮状は自らの骨や肉を削ってきたためである。

また、小泉政権が「聖域なき構造改革」を断行したことも大きい。公務員の「総人件費改革」の名のもとで、二〇〇六年度（平成十八年度）～二〇一〇年度（二十二年度）の五年間で国の人件費を五％以上減らすという目標が掲げられた。

「聖域なき改革」は防衛省・自衛隊も例外なく適用され、人件費の五％削減を余儀なくされたのだ。

そもそも防衛費における人件費＝人員であり、すなわち「防衛力そのもの」である。国の防衛力を「人件費」としか評価せず、いっしょくたに構造改革してしまうというのは乱暴にすぎる話なのだ。

増えるローン払い

それにしても、なぜ防衛費はその八〇％がいわば固定費なのに、F－35やオスプレイなどといった高額なものを次々に買えるのだろうか。

その答えが「後年度負担」という仕組みだ。

わが国の予算は、日本国憲法第八六条に定められた「単年度予算主義」に則っている。年度内に必ず使い切らなくてはならない。

しかし、イージス艦約二〇〇〇億円とか、航空機一〇〇億円×〇〇機などという金額が一括払いできるはずはなく、数年後の予算から分割払いをスタートさせる方式をとっているのだ。

これは「財政法」で「五年までは分割ＯＫ」とされている特例を活用しており、この「後年度負担」によって多くの装備は購入されている。

昨今は装備が高額となり、五年では賄いきれないものも出てきたため、政府は二〇一五年（平成二十七年）の国会で、いわゆる「防衛調達長期契約法」を成立させ、分割払い期間は一〇年まで許されることになった。

防衛費は増えているといっても「GDP比一％枠」から大きくはみ出ることがなかった中で、買い物の金額を増やすということは、結局「ローンを増やしている」ということなのだ。

今後もこのローン返済に該当する「歳出化経費」は膨らむ一方になると予想され、このことは昨今の安全保障環境を鑑みればやむを得ないとはいえ、問題はその多くがFMSなど非国産に投じられていることだろう。

誤解ばかりの防衛予算と「こくふり」

誤解ばかりの防衛予算

防衛予算の仕組みを知って頂くと、防衛費の増額を訴えることは必要ではあるが、なかなか自衛官の活動に直結しないことも分かり、虚しさを感じて　しまったのではないだろうか。

基地の近隣に住んでいる友人が、周辺の家はしっかり防音対策をしてもらっていて快適だと言っていたが、これも防衛費から出ている。

騒音で窓が開けられないということでエアコン設置も補助され、海で訓練などをすれば漁師さんへの補償が必須となり、また「思いやり予算」も光熱費などが中心で、多くが日本国内の企業に支払われるお金だ。

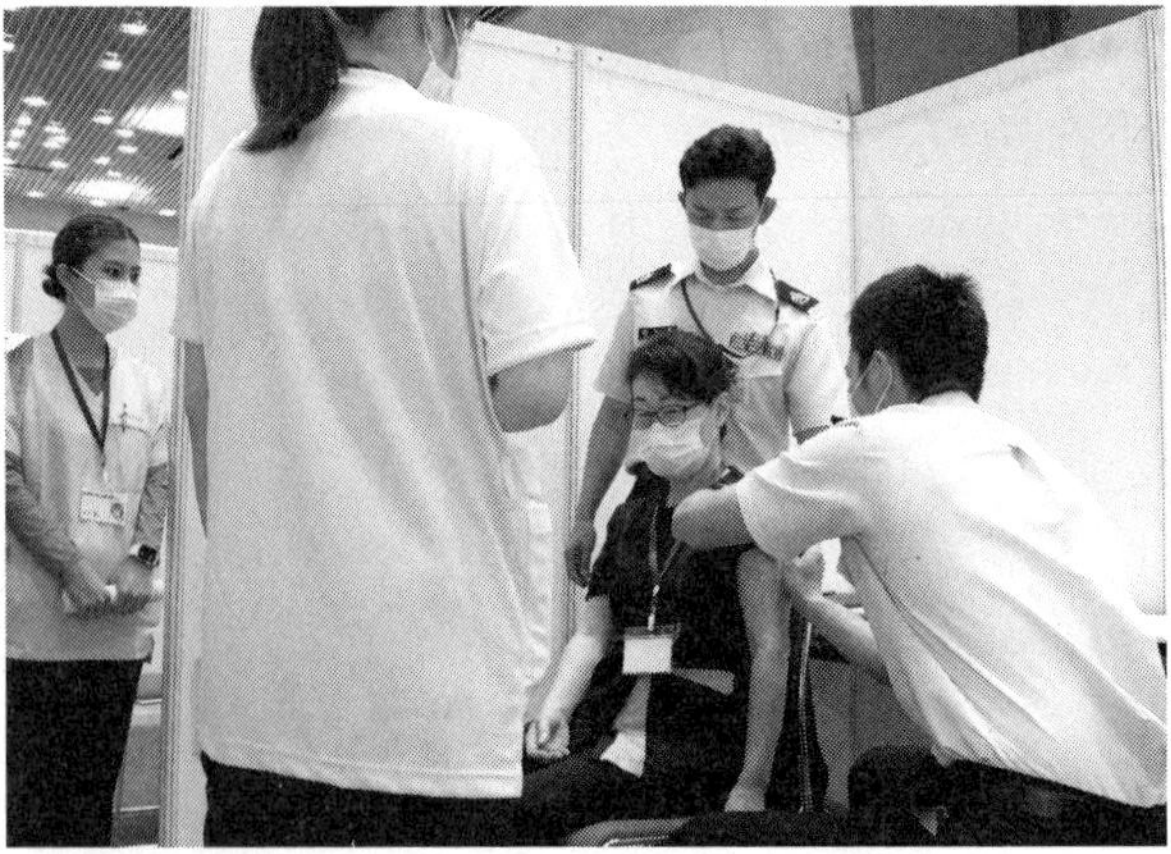

自衛隊大規模接種センター（写真は大阪センター）における新型コロナウイルスワクチン接種準備の様子（写真提供：防衛省）

こうしたものは必要経費だと思うが、防衛予算から捻出されていることを知らない人が多い。

最近は、新型コロナの大規模ワクチン接種を防衛省・自衛隊が担うことになり、そのために防衛予算から六〇億円を使うという。

どうせ予備費が計上されることになるのだろうと言う人もいるようだが、そうした予算はすぐに執行されるわけではなく、タイムラグがある。予備費が後で手当てされたとしても、自衛隊の予算に一定期間不足が生じることには違いないのだ。

まして、どれくらいの金額が戻って来るのかはっきりしない中では、訓練等を縮小して対処するようなこともあり得るだろう。

災害派遣でも被災者のためにこんなことをしてあげよう、あんなことも……と、よく気が付く人が指揮官だとお金がどんどんなくなり、災害派遣が終わった後の活動経費がおぼつかなくなることもあるようだ。

自衛隊を動かすということは、国の本気度を示す最大の手段であるが、人員や経費の面でも国防の務めを停滞させる重い決断なのである。

いずれにせよ、防衛予算の実態は多くの国民が抱いているイメージとは違いが大きいのではないだろうか。

「高い戦闘機なんか買うのをやめて、日本人の生活のために回すべきだ」などという話も聞くことがあるが、すでに防衛費は特定の地域・人に対して使われているのである。だから正式には「防衛関係費」という名称になっている。

米軍再編費用も含め日本の防衛に資する支出という意味で多様な使途があることを否定はしないが、五兆円超という額面だけを見て「多い」「少ない」という議論をするのはあまり意味がないということなのだ。

「何こくですか?」の意味

また、報道では「宇宙・サイバーなどの新領域強化やF−35など米国からの調達によって過去最大の予算を計上!」などと書かれているが、正確に表現すれば、それらの経費は、ほとんどが新規後年度負担となるため、五兆三〇〇〇億円超の金額には含まれていない。

つまり「宇宙・サイバーや米国からの買い物で今年も防衛予算が膨らんだ!」と評するのは厳密に言えば誤りで、膨らむのはこれから先の借金のことなのである。

よく装備品の話をする際に「あれは二こくかな」「五こくだよ」などという言葉が出てくる。「こく」というのは国庫債務負担行為を示している。

装備品の支払いを二年かけて行なえば「二こく」、三年なら「三こく」と通称する。これがつとに述べている後年度負担となるのだ。

そもそも防衛装備品を完成させるには、何年もかかる物が多い。装輪車両で二年、戦闘車両で三年、航空機は四年、大型の艦艇で五年というのが通例だ(実際にはもっとかかっているが)。

そのため、支払いは発注してから納入されるまで何年かに分けて行なわれるのである。予算は単年度主義が原則だが、例外として財政法で定められている「国庫債務負担行為及び継続費の制度」を使っている。

関係者の間では「国債」と呼ばれる「国庫債務負担行為」は、国会の議決を経て翌年度以降の支払いを決定するが、実際に支出するにあたり各年度に改めて予算に計上され、国会の議決が必要となるものだ。

一方「継続費」は次年度以降の予算審議の必要がないタイプで、適用されているのは護衛艦や潜水艦の建造のみと限定的である。

話が複雑になってしまったが「国債」も「継続費」も防衛省・自衛隊の後年度負担に変わりなく、ほぼ同義と思って頂いていいだろう。

しかし、このルールも近年は変化が起きている。

新たな概念「こくふり」

支払いを何年もかけて行なうのは装備品の完成までに年月を要するからと述べたが、最近はそれに当てはまらない場合が増えているらしい。

例えば防護マスクや防護衣が「四こく」になり、航空機などと同じになっているというのだ。

これらの物品製造に四年もかかるはずはない。この他にも「二こく」が「三こく」

に、さらに「四こく」にと、「こく」が増えている装備品が次々に出てきているという。

「こくふり」と呼ばれるこの現象は、防衛省・自衛隊の後年度負担がいかに厳しい状況に陥っているかを示すものだろう。企業はそのあおりを受けていると言える。

そしてすでに述べたように支払いの年数も長くなり、二〇一五年（平成二十七年）から改定された「防衛調達長期契約法」により分割払いできる期間がこれまでの五年から一〇年まで延びている。

こんなにローン分が多く、長くなっているのは、わが国の防衛をGDP比一％内で落ち着かせることなどもはやできない安全保障環境になっていることの証左だ。

それなのに、制限内で収めようとするからこのようないびつな現象が起きてしまう。

また、官側の説明は常にどんな施策も「効率化」「コスト削減」に繋がるという主張だが、支払いの先延ばしは企業にとってみれば痛手以外の何ものでもない。

例えば一年間売り上げがないなどという状態が発生すれば大きなダメージとなる。かたや防衛生産・技術基盤の維持と大看板を掲げながら、まことにあべこべな施策が進められていると言わざるを得ない。

補正予算が頼みの綱

近年、本予算の足らざる部分を補っているのが補正予算だ。「当初予算を低く見せるためのトリックだ!」と批判も浴びているが、これがないと立ちいかない現実もある。

補正予算は本来、災害派遣による大規模な支出があった時や、為替の急激な変動によって燃料などの価格が急騰した時などに計上されることになっている。

ここ数年、毎年どこかで大きな災害が発生していることから、毎年、補正予算が組まれている。自衛隊の不足分を災害に救われている構図であり、何とも皮肉なことである。

東日本大震災で航空自衛隊・松島基地のF－2戦闘機が水没したことを受け、その修理やヘリの新規購入のための予算が補正で計上されて以降、自衛隊の正面装備予算も補正で付けることはタブーではなくなった。

原理原則からすれば本予算を増やすことが王道であり、何より、戦略的メッセージにもなるが、それに至るまで待っていたら自衛隊は崩壊してしまうため補正に頼らざるを得ないのだ。

通常、予算編成は次年度のものを行なう。二〇二一年（令和三年）には令和四年の

航空自衛隊・F-2戦闘機（写真提供：航空自衛隊）

予算を編成するが、補正予算は災害復旧のような緊急性が求められるため、その同じ年に編成される。

これにより、ローンを多用し積み上がるしかなかった歳出化経費を抑制することができ、運用現場が速やかに装備品を取得することにもなる。

最近はだいたい毎年二〇〇〇億円ほどの補正予算となっているが、これは年度予算の六〜七％に相当し、二〇一九年（令和元年）度は四二八七億円と一〇％超にもなった。

パンフレットには「自衛隊の安定的な運用態勢の確保のため」と記されており、補正予算はもはや災害派遣で破損した装備の補修や、損耗した物品の補充だけでなく「自衛隊の安定的な運用態勢の確保」が主たる目的と言っていいだろう。

ただ、補正予算で購入した場合、将来的な維持経費等は十分に考慮されていないため、長期運用で現場にどのような影響があるかはまだ見えない。

そして、多額の補正予算がついているといっても、これらはこれまで老朽化した装備を騙し騙し使ってきたものを更新しているに過ぎず、その必要最低限の予算すら、本予算ではついていないということを改めて強く反省すべきなのである。

ところで、防衛装備品は作るのに時間がかかるので納品されるまでに分割して支払うと述べたが、もちろん、補正予算でも同じで、製造には一定期間がかかる。

防衛装備品は後年度負担でなければ取得が不可能なものが多いため、実は補正でも一部の取得経費については新規後年度負担の予算となっている。

そして、契約は補正予算の枠内で行なうものの、支払いは毎年の防衛費の中の歳出化経費になってしまうのである。

つまり、補正予算で装備品を購入しても、結局は毎年の防衛予算にはね返ってくるという悲しい現実があるのだ。

また、元来、製造の現場というのは、受注に波があることが一番の痛手だ。「特需があっていいね」という単純なものではない。

宝くじのように、直前まであるかないか分からない補正予算よりも、本予算で安定受注できる方が防衛生産・技術基盤を強くするために必要であることは言うまでもない。

なぜか語られない中期防との関係

予算という防衛装備品と切っても切れないテーマを綴ってきたが、防衛産業の人たちにもっと大きなインパクトを与えるものは「防衛計画の大綱（防衛大綱）」と「中期防衛力整備計画（中期防）」である。

わが国の防衛は、まず、外交・防衛政策の基本方針を定めた「国家安全保障戦略」（二〇一三年〈平成二十五年〉閣議決定）を踏まえて、概ね一〇年の防衛力の目的水準を示した「防衛大綱」を策定することから始まる。

さらにこの「防衛大綱」に示された防衛力を五年程度の計画で達成させようというのが「中期防」だ。

年度予算は「中期防」を達成させるためのものであるが、実際には中期防で掲げられた数字は達成されないことが多い。

しかし、この実態を知る人は少ない。なぜなら、予算を見る時にはだいたいが「前年より多い」とか「前年比〇〇％」と前の年との比較しか明らかにされないからだ。

本来は国として決定した「中期防」がしっかり実行されていないことは大きな問題

であるはずだが、未達成のオンパレードでもマスコミに叩かれたりはしない。

これは、本予算のパンフレットを見ている時に「中期防」のことなど忘れているからだ。予算のパンフに中期防との関係性、進捗状況を示せば読者が気付くと思うが、そんなことをしたらあまりにお寒い現状がバレてしまう。

そして「中期防」の信頼性がますます損なわれていると言えるのが「中期防の見直し」だ。

どんな装備品をどれくらい買うかを明示している「中期防」の「別表」を修正して調達を減らしてしまっているのだ。

例えば小泉改革で防衛費削減が進められた頃の一六（二〇〇四年〈平成十六年〉度）中期防ではCH－47JAヘリが一一機↓九機、SH－60Kが二三機↓一七機、F－2戦闘機が二二機↓一八機に下方修正されたのを始め、数々の取得予定数が減らされている。

国として、自国を守るために必要と見積もり決定したものを、このように修正することは、自らを貶めているように見える。「中期防」はそんなに軽いものではないはずなのだが……。

いだろうか。

「中期防」を読む際に必要な読解力

あれこれ書いてきたが、非常に複雑かつ分かり難いと感じている方が多いのではないだろうか。

予算関連の文書には多くのトリックやトラップが散りばめられている。

象徴的なのは、最新の三〇（二〇一八年〈平成三十年〉度）中期防で二七兆四七〇〇億円が計上されているにも関わらず、よく見ると「コストの抑制や収入の確保などを実施」して「予算では二五兆五〇〇〇億円ほどにする」と書かれていることだ。

つまり、実際には発表された額より約二兆円マイナスされた金額にしなければならないということなのだ。

では、発表されている「二七兆四七〇〇億円」の数字は一体、何なのか。

不思議でならないし、中期防の信頼性に関わるのではないかとも思ったが、これを疑問視する報道などは一切ないようだ。

そういえば、二〇二〇年（令和二年）七月に自衛隊で使わなくなった物品を売るオークションが実施されたが、この際の「参加の手引き」にこんなことが書いてある。

「防衛省・自衛隊は中期防衛力整備計画に定められた『収入の確保』に資する取組として、防衛力整備のための実質的な財源の確保を目的とし、『せり売り』（いわゆるオークション）の方法により、物品の売払いを行ないます。」と。

節約しなくてはならない二兆円をはじき出す手段の一つとして、河野太郎防衛大臣（当時）はオークションを発案したのだ。

それにしても、中国が「海警法」を施行させ、尖閣諸島付近に次々に公船を侵入させているという中で、二兆円に振り回されているという何とも呑気な話である。

因みに、自衛隊が何かを売ったりしても、それで得た収入は防衛費に入るわけではなく、全て国庫に納入される。つまり「収入の確保」にはならないのだが、河野大臣は、売上げ分を予算要求の際に財務省に考慮してもらうということだった。

いずれにせよ、このオークションも「中期防」と深く関係していたのである。

「カラダちぎり」と「過大請求」

自分のカラダを裂いて人々のために

二〇二一年（令和三年）四月に行なわれた日米首脳会談で菅首相は「自らの防衛力を強化する」と明言した。「防衛力を強化する」というのだから、この言葉はそのまま「防衛費を増やす」と受け止めていいだろう。いや、そうでなければ「防衛力を強化する」ことにはならない。

しかし、間違っても外国製の最新兵器を買い足すことで「防衛力を強化」したなどということに落ち着かせてはならない。

最近とても気になるのは、最も力を入れるべきと考えられている宇宙・サイバー・電磁波の新領域の分野にどれくらい資源投入できるのかということだ。

左：陸上自衛隊久里浜駐屯地にて隊員へのサイバー教育風景を視察する（元）河野防衛大臣（写真：陸上自衛隊）
右：航空自衛隊・宇宙作戦隊マーク（写真：航空自衛隊）

おそらく米国からも自衛隊に新領域能力強化が求められてくると思われるが、現防衛関係費にプラスαの予算規模でなければとても足りない。

この新領域分野を手薄にすることはまず考えられないため、自衛隊のこれまでの歴史では「お得意」のあの「裏ワザ」が使われることになる恐れがあるのではないか。

その「裏ワザ」とは何か。それは、驚くなかれ自分のカラダの一部を剥がして他の部分に移植するのである。

新しい装備を買うためにどこかの予算を削る、部品が足りないので他のものから持って来る……そんな「移植」が自衛隊では当たり前に行なわれる。

実は、自衛隊は自らのカラダをちぎったりくっつけたりする妖怪なのだ。

しかし、このことを多くの国民は知らない。心優しい妖怪は誰にも知られないように自分のカラダを傷つけながら人のために役立とうとしているからだ。

この妖怪自衛隊のカラダちぎりは終わらせなくてはならないが、すでに述べたように五年間の買い物計画を定めた中期防では二七兆四七〇〇億円が計上されながらも「二兆円の抑制」を求められている。

そのためには、減らすことのできない固定経費以外で目を付けられるのは各装備の定期整備、修理、様々な施設の建て直し費用になることは必定だ。そして研究・開発に充てる予算にもさらに影響する可能性が極めて高い。

その意味で、自衛隊が最新の装備を導入したり、新しい防衛体制を構築することはもちろんあるべき姿ではあるが、その反面、見えない予算を食いつくしてしまうという恐るべき特性があるのだ。

私たちは「最新装備を揃えるべき」というよりむしろ、それら導入の引き換えに自らのカラダをこれ以上傷つけないように監視をすべきなのだと思う。

装備の値段はどのように決まるのか

自分のカラダを砕いて日本の防衛に尽くしているのは防衛産業も同じと言える。

色々な要因からそのことが言えるが「調達」の側面から見てみたい。

まず、調達には「中央調達」と「地方調達」があり、主力装備品は中央調達、それ以外のものは陸海空自衛隊の補給(統制)本部やそれぞれの補給処などが地方調達として実施する。

防衛装備品の場合は市場価格というものがないため「原価計算」という方式を用いているが、これは製造に費やした時間や工数、材料に一定の利益率をかける方法だ。この「原価計算方式」は簡単そうで難しい。

単純作業で作業時間が分かりやすい製品ならいいが、どこまでが工数になるのか、などの整理は困難で、工数として認められていないが紛れもなくその製品を作るための作業も存在するからだ。とはいえそれらが全て認められるわけではない。

この工数という労務費の他に、材料費、そして材料を加工したり組み立てる際に使用する工作機械や工具の費用、光熱水量、労務管理、品質管理、販売の際に必要な費用……などを積み上げていく。

そして、これらに利益を乗せるのだが、利益といっても一般的にイメージする「儲け」とはちょっと違う。

乗せられる「利益」は日本中の色々な企業が得ている利益の平均値を基準に決めて

いるというが、全く畑の違うあらゆる企業の利益の平均値が、果たして防衛装備品事業にふさわしいのかという声もかねてからある。

当然、世の中に存在するあらゆる仕事ということで、高利益を出しているところもあれば、そうでない商売もあるだろうから、この平均値は高い数値にはならない。つまり、防衛産業の利益は極めて限定的ということなのだ。

「過大請求事案」の真相

ところで、たまに防衛産業による「過大請求事案」というニュースが報じられる。いつだったか知人が「防衛費を食い物にする奴らめ！」と新聞を見て怒っていたので、いえ違うんです〜、と説明したい気持でいっぱいだったが、その場で話すには複雑すぎるため諦めてしまったのが悔やまれる。

この真相を話すためには、まずは防衛調達に内在する問題について知ってもらうことから始めなくてはならない。

ここで言う「過大請求」とは何を意味するか。

指摘された防衛産業は税金を掠め取っているのか？

まず、装備品にはいずれにも目標工数というものが決められる。目標工数は工員の人数に作業時間を掛けて算出される作業量である。

しかし実際に製造を始めると、実質工数が結果的に目標のそれを上回ってしまう場合がある。そうなった時にその分を別の契約の赤字案件に付け替えることで相殺する。これが「過大請求」と呼ばれるものだ。

これは「目標工数を順守する」意識が社内に強く働いていることから生じるという。実際の工数が当初の目標を上回ることはあり得ることだと思うが、そうならないよう、契約をまたいで別の工事に付け替えることで、赤字幅を抑制するのだ。

ここには赤字を出すと、その事業が続けられなくなるという企業の事情があり、また、赤字の原因に繋がる「目標を超過した工数」を計上しないことにすると、みため上は工員に余力があるように見え、そうなると社内的にその作業の人員削減を招くおそれがあるからだ。

一方、実際に過去の「過大請求事案」発生時に防衛省から発表された報告書では、度重なり発生する同様の事案は企業だけでなく防衛省側にも原因があることを示唆している。

二〇一二年（平成二十四年）に防衛省が出した三菱電機過大請求事案についての報告書には「工数付け替え等の動機及び背景」として次のように記されている。

「今回露見した過大請求行為は、基本的に契約金額に見合った目標工数に沿って工数を計上することにより、本来であれば防衛省に減額されたり、返納されたりするはずであった適正水準を超える利益を以て赤字としていたはずの契約案件を補てんする効果を生み出し、利益を最大化するものであった」と。

これはどういうことなのか。

報告書は「防衛省は、原価計算方式で契約を行なう際は、原価や経費について所定の率を適用して計算価格を算定している」とのくだりに続き、この算定方法について率直な見解を述べている。

「必ずしも企業で実際に発生する原価や経費をそのまま反映するものとはしていない」と。

つまり、本当のコストや労力が計上されていない可能性を防衛省側も認めているのである。

継続するための処置だった

さらに、同じ計算方式で決める支払い金額について「防衛省が受注者に支払う金額が、実際に履行に要した費用に適正利益を加えた額を下回る契約案件が発生する」とも打ち明けている。

しかし、それにしても、なぜ企業はこんなに我慢をしてまで防衛事業を継続するのか。あまりに卑屈すぎるんじゃないか？　という疑問が湧き出ていると思うが、とりあえず続きを読んで頂きたい。

「防衛部門の現場には、国の防衛のためとの意識もあって、赤字での受注や、履行の結果として赤字となることを容認する空気があったことが窺われた」とある。

青臭い、嘘だろう、と思われるかもしれないが、事実、製造現場での価値観は「儲け」ではない。低利でも安定性があること（相手が防衛省なら少なくとも取りっぱぐれはないので）と、純粋に「国のため」「防衛のため」なのだ。

翻って言えば、その思いがなければ儲からない防衛事業などできないということだ。

また、知識のない人からは「国のためなんだから利益なんか出なくても協力すべきだ」などという乱暴な話も聞かれる。

しかし、そんなことは企業の常識では許されないことは言うまでもない。報告書は続く。

「そして、赤字が発生した場合は部長クラス以上への説明を求められるなど厳格な損益管理が行なわれており、製造等の現場では、課内で工数の計上先を調整して収めることで幹部への報告・説明という『余計な仕事』をせずに済むならそれにこしたことはないとの意識があったとされる」と。

このように、防衛部門は防衛省と会社の板挟みとなっているのだ。もし、まともな報告を社内的にしていたら、防衛部門の継続は許されなかった可能性が高いのだ。株主への説明もつかないだろう。

また「固定費を負担している事業の操業度を保つ必要から、受注の断念を覚悟してまで条件の改善を求めることは現実には行なわれていない」という事情も明記されている。

くり返し述べているように特殊な工具や設備が必要な防衛事業は、それらや技術者を維持するだけで固定費がかかる。遊休資産にしないためにも仕事を回していく必要性があるのだ。

もし赤字ということになったら防衛事業を継続できなくなり、自衛隊の活動に支障が出てしまう。そのため、それを避けるために「調整をしていた」というのが現場での共通認識だった。

「不正」生む背景に目を向けるべき

「不正は不正であり、同情の余地はない」という人もいる。しかし、その「不正」を生む調達制度そのものに問題はないのか検証された痕跡はいまだにない。

「過大請求事案」がしばしば発生し、その度に「また防衛産業がごまかして国民の税金を過大請求した」という印象が持たれ、ますます国内防衛産業に対するイメージが悪くなるばかりだ。

すでに述べているように防衛産業といってもほとんどは企業の一部門であり、企業としても自社のイメージダウンになるようなことをしたいはずはない。根本原因にメスを入れるべきだろう。

しかしながら、実際は抜き打ちの「制度調査」を実施するなど、相互の関係がますます悪化しかねないことも増えているようだ。

これは「資料の信頼性確保に関する特約条項」が、「資料の信頼性確保及び制度調査の実施に関する特約条項」に変更され始まったものだ。

あらかじめ通知して契約相手の任意の協力の下に実施されていた従来の制度調査だけではなく、抜き打ちで実施する「臨時制度調査」も始まったのである。

自腹で解決します！

抜き打ち調査始まる

「え？　今から？」

ある企業で防衛部門を担当するAさんは出張先の空港で携帯電話の電源を入れた途端、面食らった。防衛省による防衛産業への立ち入り検査が唐突に実施されるというのだ。

「とても対応しきれません、どうにかして戻ってもらえませんか！」

すがるような部下の声を聞いて、Aさんはその場で会議も宿泊ホテルも全てキャンセルし、同じ空港の出発ロビーに向い、羽田に引き返したという。

これが、前述のいわゆる「臨時制度調査」である。事前の調整は一切なく、抜き打ちで大勢の人が調査にやって来るのだ。

二〇一二年（平成二十四年）以降に相次いで起きた、いわゆる「過大請求事案」を受けて始まったもので、突然、来て従業員から話を聞くなどするため、まるで犯罪捜査さながらということですこぶる評判が悪い。

これまでのような事前通知の上で調査に入る方法ではなく、より厳しい通知なしに変更したのだが、それでも会計検査院から厳しい指摘が入る。企業が「作業を口頭で指示した」ことや「作業指示の資料を記録・保存していない」などということが「防衛省の再発防衛策は徹底されていない」として国会に報告されている。

そもそも企業が防衛事業を安定的に継続できないような調達制度のほうに目を向け改善に努めるべきと思うが、それはせずに締め付けだけを強化すれば、官民関係が良くなるはずがない。

ルールに問題があるかどうかには手を付けず、既存のものを大事にしすぎるのは日本人の特性のようだ。

「ルール違反」の余波

ちょうど三菱電機の「過大請求事案」を紹介したところで、同社が手がける鉄道車両向けの空調装置について三〇年以上の間、架空の検査データを顧客に報告していたということが明らかになった。防衛案件そして労務問題など立て続けに表面化していることは組織が内包する構造的な問題やひずみが露呈されていると言え、建て直しが必要であることは確かだろう。

一方で、現場関係者が長年続けても品質に問題がない「不正」に、制度そのものの問題がないのかと指摘する人はあまりいないようだ。

企業への制裁の影響を大きく受けるのは、結局は安全保障の現場となる。問題を起こした企業は防衛省との契約において一定期間の指名停止処分となることが通例だからだ。

指名停止処分となれば、その企業からの部品供給がストップするが、その穴を埋める策が講じられているわけではない。自衛隊の現場はその企業からの供給が止まってしまうため手持ちの限られた部品を使いまわすなどで凌ぐしかないのだ。このことは日本の国防に著しく悪影響を与える。

また、他にも「官民の癒着を防止するため」として、調達を担当する人員の三年以上の勤務が禁じられるようになった。仕様書の作成など人材の育成には年月を要するものだが、この「三年縛り」ができたために極端に言えば、常に「ゼロから始める」

人が担うことになるのだ。

さらに、装備品はそれを作った企業が修理するのが道理だと思うが、随意契約することは許されず、別途公募をして一般競争入札をする必要がある。

このプロセスを踏むことで一定の空白期間が生じる。このように、数々の不祥事の「再発防止策」とされているものは、自国の防衛力を弱めることになってしまっているのだ。

ダブルGCIP問題

しかし、防衛装備品の価格の決定方法について、赤字にならないための見直しが行なわれる兆候はない。

それどころか、より一層厳しい取り決めもなされている。二〇一七年（平成二十九年）一〇月に行なわれた財務省の財政制度審議会では、プライム企業が他に関わる企業の利益率が含まれた総原価にさらに利益率を乗じているために高コスト構造になっていると問題視され、特に航空自衛隊が導入したC−2輸送機に厳しい目が向けられた。

問題視されたのは、製造を複数の企業で分担している場合だ。例えば川崎重工業が

川崎重工業が開発した航空自衛隊C-2輸送機。胴体の後部を三菱重工業、主翼などをSUBARU（スバル）が担っている

開発したC－2では、胴体の後部を三菱重工業、主翼などをSUBARU（スバル）が担っている。

三菱重工やスバルの製造原価に、川重がさらに利益を上乗せして価格を計算するため「重ねがけ」が発生しているというのだ。

そして予定価格の算定基準が変更されることになった。川重は約七億円分が減額されたという。ウソかホントか、納得しない川重にC－2事業の中断をほのめかす圧力があったなどというドラマのような話も噂されている。

財務省の見解を見ると、川重が利益を意図的に積み増しているように聞こえそうだが、従来行なわれていた計算方式である。

パーツごとに企業が違い、それを主契約企業である川重が購入して取りまとめ組み立てる。この方式は航空機ではよくあるパターンだ。

例えば主翼を担う会社、胴体部分を作る会社といくつかの企業が分担している場合は、それぞれの企業に対し原価計算方式で価格を算出されるが、そこには材料費と加工費、そしてそれら企業の利益も計上されていることになり、最終的に川重の利益を算出する際に、ここにさらに利益率をかけるのは二重に総利益を得ることになる（ダブルＧＣＩＰと言われる）という指摘なのだ。

従来、全体を総括する会社にはその責任上の利益が認められていた（つまり、何か問題があれば当然、プライム企業が責任を負うということ）が、これからは機体全体を作る企業もパーツを担う企業も同列にしなければならないということのようだ。

すでに述べたように、中期防で多額の「効率化」を約束しているだけに、カットできそうなところを探して徹底的に削減しようとしているのが現状なのだ。

盛り上がるのは実情とかけ離れた話ばかり

このような流れになると、今後、自衛隊装備の主契約企業を誰も引き受けなくなるのではないかと懸念されている。

製造現場の人たちは続けたくても、果たして企業の経営サイドや株主が納得するだろうか。国としてはそうした企業の事情も理解し、適切な利益を得られるようにしなければ「防衛生産・技術基盤」維持・強化などできるはずがないが、効率化のプレッシャーにより迷走しているように見える。

財務省も会計検査院も皆それぞれ与えられた使命を果たそうとしているのであり、決していじめているわけではないと思う。やはり国としての防衛力強化の大方針が打ち出されなければならないし、その上で防衛省が企業存続のために努力する形が望ましいのは言うまでもない。

よく防衛政策を語ると「日本の防衛産業も儲かるようにしなければ」という意見を聞くことがあるが、そう言う人はおそらくここまで綴ってきた防衛事業の実情を知らない人だと思う。現実を知ればいかに実態とかけ離れた話か分かるはずだ。

こうした現実の中に置かれている防衛関連企業だから、巷で「輸出で防衛産業を盛り上げよう！」といったかけ声には皆、些か冷めた気持ちになってしまうのだ。

儲けた分はお返しします！　のルール

そもそも調達や契約には企業泣かせの制度が存在している。最近は装備庁によって改善策が様々に進められているようであるが、その筆頭は「超過利益返納の特約条項」だ。

原価計算方式によって予定価格を算出している防衛装備品のうち、特に研究開発や量産初期の段階にあるものについては、契約の締結当初に原価を確定することは困難となる。

そのため、契約の履行完了の前後に実際にかかった原価（実質原価）を改めて確認するが、その際に、実質原価が最初に予定していた原価より少なくなり、企業の受け取る利益が大きくなった場合は、その利益分を「超過利益」として契約金額から減額するか、または返納させる「原価監査付契約」という形態がとられているのだ。

つまり、企業が努力した分は防衛省に返納しなければならない。これによりコスト削減努力のインセンティブが働かない仕組みとなっている。

防衛省は企業のコストダウン努力が報われ、コスト削減に向けた動機付けになるよう「インセンティブ契約」という制度をスタートさせたが、煩雑な手続きや審査を必要とすることや、また、そのコストダウンの成果は防衛省と「折半する」というものだったため、結果的に「インセンティブが働かない」という悲しい現実があった。

その後、いくつかの改正がなされ、折半とされていたところを内容に応じて料率を多様化したり、適応を受ける企業がその後の契約を約束されなかった従来のやり方を改め、二〇％以上のコスト削減が約束された場合は随意契約とするなどの措置が取られるようになったようだ。

かなり改善はなされてはいるものの、やはりどうしても、こうした適用を受けるためには、条件やプロセスに煩雑な手間がかかるため、企業側が積極的になれない面がまだ残っているようである。

お金が足りなくなったら自腹で解決します！　のルール

経費が少なく済んだ場合の話をしたが、一方で、予定よりも工数が増加し実質原価が当初予定した原価を超過してしまうこともある。

しかしこの超過額を補てんする制度はない。つまり、自分たちで何とかやり抜くしかないのだ。

確かに、工数の増加については、例えば試験のやり直しなどという事態になった場合、その原因が企業側なのか、はたまた防衛省側なのか、という問題がある。

装備庁では今「リスクシェア」型契約を進めるなど「官民がコスト情報を共有し、共同してコストオーバーランを含む契約上のリスクを極小化し、適切にシェアする方式」が打ちだされているようであり、今後に期待したいところではある。

一方、もし、原材料費の高騰などがあった場合は契約内容を変更することになってはいるが、防衛装備品の場合は金額が大き過ぎ、実際には補てんなどされないことが多いようだ。企業側が呑み込んだ事例も少なくない。

米軍においては、「コストプラス契約」というものがあり、いわゆる「開発モノ」は事前予測ができないリスクの可能性があるとして、増えてしまった経費を補てんする制度があるという。

このような保険のようなものがなければ、企業としては赤字が出ないように研究開発をせざるを得ず、無難なところでやめてしまうだろうし、あるいは、研究開発などやらないほうがいいということになってしまうだろう。

それにしても、モチベーション下がりっぱなしのような話ばかりで恐縮だが、もう一つオマケに巷で言われている、いわゆる「契約前修理」というものもある。

各企業は現場からのＳＯＳにすぐさま駆けつけるものだが、それが契約内容に入っていないならその費用は一切計上されない。契約をしていないのに工数を認めることはできないというのだ。

関西にある部品メーカーは「こないだは、夜中の三時だったかなあ、神奈川県の部隊までタクシーで修理に駆けつけましたよ」などという。繰り返しになるが、この会社は「関西」にある。

さらに驚いたのは、こんな話を聞いたと別の企業の人に話したら「そんなことは日常的ですよ」と言われたことである。

民間サービスでもこのようなことはあるだろうが、そこには当然「対価」が発生するだろう。しかし、防衛事業の場合はこれらのコストは計上されない。

防衛産業ともっとドライに付き合うべきだと主張する人もいるが、実態は防衛産業の人々の心意気にかなり依存しており、良いか悪いかは別として「義理・人情・浪花節」がなければ成り立っていなかったのである。

原価計算が始まった経緯

それにしても、なぜこのような理不尽な慣習が続いてきたのか。それを知るには歴史を見なければならない。

敗戦後、日本は一切の軍事技術を失った。それまでの軍需産業はナベ、カマを作ってしのぐしかなかった。そんな中、一九五〇年に朝鮮戦争が始まると図らずも米国から弾薬製造などのニーズが出てくる。そして自衛隊黎明の時代は米国から無償貸与された装備を使うようになる。

朝鮮戦争（1950年6月25日勃発）において進軍する米軍

元軍人たちが、公職追放が解け自衛隊に入ってくると夢を描いた。

「再び国産技術を誕生させよう！」と。

もちろん、占領が終わったばかりの頃であり、あくまで胸に秘めた思いだった。しかし、意外にも早くその願望は実現に向かうことになった。旧軍出身の装備担当者たちは、まずは自国で修理・整備ができるよう米側に働きかけ、さらにライセンス国産を希望した。

すると、米国は意外なほどアッサリとそれを認めてくれたのだという。元軍需工場などを訪ねて自衛隊の装備製造を依頼する段階にまでこぎつけたのである。

思いがけないことだったが、米国としては七年もの間、息の根を止められていた日本が再び優れたモノ作りが始められるとは本気で思っていなかったのではないか、との説もある。

真意は分からないが、とにかく自衛隊のとりわけ旧軍技術将校出身者は内心、欣喜雀躍したに違いない。勢い勇んでかつて付き合いのあった企業を訪ね、装備品製造の依頼をした。

しかし、予想しなかった反応が返ってきた。

かつての「戦友」たちは首を縦に振らなかったのである。

防衛産業の復活と試練

防衛産業に再び火が灯る

米軍からの貸与品をライセンス生産するとはいえ、せっかく待望の「国産装備品」が作れるようになったというのに、なぜ企業の人たちは目を逸らし、首を縦に振らなかったのか。

その要因にはまず、戦後日本人の思想変化がある。

「もう戦争はまっぴらだ」という空気が一気に広がり「反戦」が当たり前の世の中になっていた。「平和、平和」の大合唱の中で「兵器を作る」ということは会社にとってマイナスイメージ以外の何ものでもなかったのだ。

それに、自衛隊で使うためのわずかな装備品製造を引き受けても、商業ベースに乗るわけでなくメリットがないのだ。まして、高精度の製品製造であるため、工作機械などの設備に膨大な投資が必要で、とても採算が合わない。ただでさえ、戦後の苦しい中で這い上がらなくてはならないのに、そんな余裕はどこにもなかった。世間から後ろ指をさされながらそんなことを始めるメリットは何もなかったのだ。

公職追放が解け、自衛官となっていた旧軍人たちはかつて付き合いのあった工場を回り、一軒一軒説き伏せなければならなかった。

戦争中、部品が調達できず駐機場で飛び立てない飛行機がむざむざと爆撃されるのを目の当たりにした記憶がまだ鮮明に残っていた彼らには、装備の「自己完結性」は絶対に必要だという強い思いがあった。

そのためにも国内での装備品製造をしなくてはならないし、同時に複数の工場に分散させて製造する必要があった。

これは、防衛事業を担ってもらうことで、多くの中小企業の再建を後押しできるようにという配慮もさることながら、部品など製造が一つの工場に集中すれば、そこが何らかの事情で作れなくなった場合のリスクがあるからだ。防衛産業の裾野が数千社に及ぶのはこのためなのだ。

この頃に考え出されたのが、企業に損をさせないため一定の利益を保証する制度だった。これが、戦後の原価計算方式が誕生した経緯なのだ。

国防のための決心と眠りから覚めた喜び

しかし、この「企業に損をさせない」制度は、いつのまにかその目的が忘れられ、原価計算方式が守られることがまるで目的化してしまい、本質である防衛産業の維持や育成からかけ離れてしまったのが現状と言っていいだろう。

朝鮮戦争当時と現在を比べれば、国内の経済状況は物価、人件費など、大きく変化している。しかし、時代の変化に応じた調達制度に変化することはなかった。

一方、自衛隊側がこれら企業の門を叩くまでの間、かつて「軍需産業」と呼ばれた人たちはどうなっていたのかというと、敷地でサツマイモを栽培したり、アルミを溶かしてナベ、カマを作る日々を送っていた。

経営者にとっては、再び武器を作るという考えはほとんどなかっただろう。しかし、製造現場の人たちは違う感情を持っていた。技術者にとって防衛事業再開の打診は、敗戦で打ちのめされた心に差したひとすじの光明だったのだ。

ある企業の営業担当者は、現行のようなとても儲からない価格算定方式を受け入れたのは、敗戦やGHQによる占領を経験したこの当時の現場の人たちの「喜び」の気持ちが大きかったためではないか、という。つまり、それくらい、現代の感覚では分かり得ない感情が、頼む側、頼まれる側とで交錯していたと理解していいだろう。

この頃、あらゆる軍需産業では敗戦と同時に多くの工員が工場を去り、ＧＨＱによって全ての弾薬製造機械の破壊、設計図等の焼却処分を命じられた。「戦友」とも言える工機を自らの手で破壊しなければならなかったのだ。

しかし、そんな中でも密かに一部の機械や図面を隠して守った人たちがいた。危険を覚悟のこの行為こそが、戦後の防衛産業復活を実現させたと言ってもいいだろう。

小口径弾製造メーカーの旭精機では、天井裏に図面を隠した。艦艇の弁やこし器などを製造する鷹取製作所は資材を地中に埋めていた。短魚雷発射管を手がける渡辺鉄工も土の中に埋蔵していた。そのようなケースはけっこう多かったのだ。とにかくそれが日本の防衛を救うことになった。

とはいえ、防衛事業を閉ざしてからすでに一〇年近くが経ち、この空白期間は想像以上に大きかった。少しずつ自衛隊の要求を受け入れる企業が増えていったが、かつての従業員を再び呼び寄せ、わずかに残された図面と奮闘しても、いざ始めてみると微妙な技術が蘇らなかったのだという。

蘇った防衛産業を襲った試練

一部を隠したとはいえ、ほとんどを燃やしてしまった中での再起はいずれの企業においても一筋縄ではなかった。

経営者たちを悩ませたことは他にもあった。自衛隊に関わることで自社の評判を貶めることだった。現在では「レピュテーションリスク」と呼ばれているようだが、一九七〇年代までは企業の評価だけでなく、露骨に過激な行動に出る者たちがいたのである。

「食事もノドを通らず家族は皆、痩せ細りました」

ある企業は、社員として採用を決めた学生が過去に暴力行為を起していたことが発覚し採用を取り消したところ、連日の抗議活動が発生。工場は操業不可能な状態にまで陥ってしまった。

この騒動は裁判にもなり、記録によれば「赤旗と赤ハチマキ」の集団が「マイクを使い大声で抗議行為」して向かい側にある小学校でも授業ができない状態になったという。こんなことをするのは普通の市民ではない。時代背景からしても組織的な妨害活動であったことは間違いない。

さらにこの集団は、付近一帯のガードレールや電柱、掲示板をはじめ、国鉄の駅や公共施設など至る所にビラを貼り、出勤してきた社員をつかまえて付近の塀に押し付けたり、小突き回すなどの行為をしたという。

恫喝はさらにエスカレートし、制止を振り切った暴徒が会社の中に押し入ったり、作業場に入って拡声器を使い大声で抗議演説を始めたという。会社役員の自宅まで押しかけて周辺にビラを張り、拡声器で騒ぐなどの行為もあったと記録されている。

当時、左翼勢力が企業を襲う事案は頻発しており、自衛隊の協力企業もまたそのターゲットとなったのだ。

一九七四年（昭和四十九年）八月三〇日には、東京・丸の内にあった三菱重工業本社ビルが爆破され、八人が死亡、三七六人が重軽傷を負っている。武装闘争によって社会変革を目指すと標榜する集団によってこのような爆破事件が大手企業でも多発した時代だった。

こうして防衛事業再開を承諾した企業は、そのために極左暴力集団に狙われただけでなく、防衛事業をし続けることで経営困難な局面を迎えることもあった。しかし、他に担い手がいない「オンリーワン」技術を持つこれらの企業は、その度に自衛隊側の悲痛な声を受けて事業継続を決断し、今日に至っているのである。こうした歴史的経緯を、少なくとも防衛関係者は知っていて欲しいと思う。

日本中から「航空」が消えた戦後

戦後、徹底的に抑えられた事業の代表は航空分野だ。当時、保有していたあらゆる航空機は接収されるか破壊され、関係資料は悉く没収された。研究や教育も一切禁止され「航空」と名の付くものは何もかも日本から消えた。「零戦」や「隼」を生み出し、終戦までに一〇万機にも及ぶ航空機を生産した「航空日本」は消滅したのだ。

しかし、その航空も一九五二年（昭和二十七年）にサンフランシスコ講和条約が発効され、また朝鮮戦争が始まったことで、米軍機の修理という形で息を吹き返すことになった。

とはいえ、やはりこちらも七年間の空白によりその技術は圧倒的に先進国に差をつけられていた。まして「日の丸戦闘機」を作るなどというのは、夢のまた夢だった。

その状況を知れば、一九八〇年代に航空自衛隊がF－1戦闘機の後継機を国産開発しようと試みたことが、いかに画期的かが分かる。

この時は貿易摩擦などの懸案事項が日米間に横たわり、米国製の戦闘機導入の圧力が強まったため、結局、米国のF－16をベースにしたF－2の「共同開発」という結

米国のF-16をベースに、日米共同で開発したF-2戦闘機（写真提供：航空自衛隊）

果になったが、米国に対しても日本の技術復活はあまりにも大きなインパクトとなった。

この「共同開発」の内容をよく見ると、実際、三菱重工が主契約会社となっており、ジェネラル・ダイナミックス社（現ロッキードマーティン社）、川崎重工、富士重工（現SUBARU）が協力会社という形になっている。

これは、わが国が戦後七年の空白を乗り越え、一体成形複合材主翼や運動能力向上機（CCV）などの独自技術を育ててきたことが大きい。苦難の中、先進技術を磨き、蓄積したことは並大抵の努力ではなかったはずだ。それが日本主導の日米共同開発を実現させたのだ。

航空分野の七年にわたる沈黙を克服し、米国を驚かせたのは戦闘機だけではなかった。日本は「純国産ヘリコプター」も作り上げた。これは非常に意味が大きいことだった。多くの人々は戦闘機に関心を向けるが、実はヘリの製造を全く自前でできる国はそう多くはない。

そうした中で、川崎重工が一九九二年（平成四年）から開発に着手した国産観測ヘリOH－1を誕生させたことは驚くべきことだった。日米貿易摩擦は抱えていたが、戦闘機に目が向けられていたためか、ヘリはそこまで注目されなかったことがこの「勝因」だったのかもしれない。

そのためか、世の中では知る人が少ないが、川重が手がけたOH－1のメインローターに複合材を使用した無関節（ヒンジレス）ローターハブ技術は、米国ヘリコプター学会から、ヘリ技術で最も顕著な功績に対して贈られる

川崎重工業が開発及び製造した陸上自衛隊のOH−1観測ヘリコプター

「ハワード・ヒューズ」賞を受賞した。これは米国以外の国では初の快挙だった。しかし、その後、OH－1の後継、あるいは形を変えた国産機の製造が途絶えてしまったことはいかにも残念だ。

隠されたジェットエンジン

わが国の戦闘機について語られる際に、よく「日本はエンジン技術が弱いから……」米国などに勝てない、などと言われることがある。しかし、これはいわば「都市伝説」のようだ。

世界のエンジン市場を見渡してみると、米国のGE社、同国のプラット・アンド・ホイットニー社、英国のロールス・ロイス社が三強と言われ、世界の七割強のシェアを持っていると言われる。

特にジェットエンジンは戦略的工業製品として、世界各国の軍や民間に輸出されている重要アイテムである。わが国においては、これをIHI（かつての石川島播磨重工業）が主に担い、日本のジェットエンジン売上高の七割近くを占め、他の追随を許していない。

米英が言わば「勝負球」にしている物を、日本もしっかり持っているということなのである。

「日本は数少ない〝作れる国〟なのに、なぜか〝弱い〟と思い込んでいるんですよ」

航空関係者は苦笑する。GHQの「航空禁止令」の影響は根深い。あまりにも徹底的に押さえ込まれたことから「出るくいは打たれる」（「できる」なんて言ってはいけない）という感覚が、日本人にまだ浸透していると思わざるを得ない。

常に控えめで、遠慮がちでなければならないという宿命を背負った戦後日本の航空機やエンジン作りであるが、実際に手がける人々の熱意は半端ではなかった。実は、敗戦当時から、石川島芝浦タービン社長であった土光敏夫氏は、心ひそかにジェットエンジン製造を目指し準備を始めていたのである。

「これを作らなければ、日本は敗戦国のままだ！」

その思いを胸に、ジェットエンジンを「陸船用ガスタービン」と称し、開発に着手したのだ。

そもそも、戦前の日本はレシプロエンジンしか開発しておらず、全く原理の異なるジェットエンジンを作り出すことは、並大抵のことではなかった。だが、実は終戦の直前に、わが国は死にもの狂いでこれを、ほとんど自力で作り上げているのである。

英国とドイツに続け！

日本は当時、ジェットエンジンを実用化させていたドイツから資料を入手し、製造に着手した。戦局が日増しに悪化する中、国土に襲い来る敵機を素早く迎え撃つためにはジェット戦闘機がどうしても必要だったのだ。まさに国の存亡がかかっていた。

一九四四年（昭和十九年）四月、ドイツの駐在武官であった巌谷英一《いわやえいいち》海軍技術中佐は、ジェット戦闘機の図面の写真を携えて伊二九潜に乗り込み日本に向け出港する。そして、度重なる攻撃をかいくぐり奇跡的に無事に到着した。

しかし、これはあくまでも、メッサーシュミットなどのエンジンの二〇分の一に縮尺したフィルムや、実物を見学した際のノートにすぎなかった。その後、詳細な資料は別の潜水艦に搭載して輸送を試みたが、バシー海峡で米潜水艦の攻撃を受け、撃沈してしまう。

ところがこの時、開発の中心人物である種子島時休《たねがしまときやす》機関中佐はすごいことをやってのけたのだ。

僅かな写真をもとに、新しいエンジンを完成させてしまったのである。

こうして出来上がったジェットエンジンには陸海軍の壁も取っ払っての協定が結ばれた。もはや縄張り争いをしている場合ではなかった。

「ネ20」と競争入札

執念の結晶「ネ20」

終戦間際のドサクサの中、ドイツから潜水艦に乗って持ち帰った写真を頼りにジェットエンジンを作るという、とてつもないことをわが国の先人たちはやってのけた。

「一枚の写真で十分だった。これを見た瞬間、ジェットエンジンの全部が了解できた」と、種子島時休《たねがしまときやす》機関中佐は言ったという。

ジェットエンジンの原動力、それは「熱意」にほかならなかったのだ。

そして誕生したのが「ネ20」である。「ネ」は燃焼の「ね」から取ったというが「熱意」の「ネ」と言ってもいいのかもしれない。

日本海軍が開発した双発ジェット戦闘攻撃機である「橘花」。エンジンは主に空技廠が、機体は中島飛行機が開発した

「ネ20」が生まれた頃は、折しも米軍機による空襲が激しさを増し、設計陣が郊外への疎開を始めていた時であった。そのため「ネ20」は、なんと疎開先の養蚕小屋で誕生したのだという。

こうして生まれた「ネ20」は、中島飛行機が製造した海軍の戦闘機「橘花」に搭載され一二分間の試験飛行に成功した。

同時に、陸軍では迎撃戦闘機「火龍」(本土攻撃に抗するための戦闘機)用ジェットエンジン「ネ130」を完成させようとしていた。そんな中であったが「橘花」の試験飛行から一週間ほどで終戦を迎えることになったのだ。

ドイツなどではすでに「メッサーシュミット」といったジェットエンジン戦闘機

が最前線で活躍していた頃だっただけに、この分野でわが国は後れをとっていたことは確かだが、物資が日に日に枯渇する中で、たった一枚の写真から始まった快進撃は誇るべきものだったと言えるだろう。

海軍の「ネ20」の試験飛行成功は国内で広く報じられたため、米軍もこれを当然チェックしていた。

一方で「ネ20」のカゲに隠れて密かに作られていた陸軍の「ネ130」の存在はあまり知られていなかった。

「ネ130」は、疎開先の長野県松本市で開発が進められていたものの、その最中に小石か何かが圧縮機に紛れ込み、木っ端みじんに壊れたと言われている。

しかし、これは米軍の目を欺くための作り話ではないかという説がある。「ネ20」は米軍に接収されたが「ネ130」はこの時、存在しなかったことになっている。もしこれが「ネ130」を守るための偽装だとしたら「ネ130」は信州の山の中に潜んでいたことになる。

真相は分からないが、とにかく、この両エンジン製造の総指揮をとっていたのが土光敏夫氏だったのである。

メザシの土光さん

防衛産業の話から逸れてしまうようだが（そもそもの原価計算方式誕生の経緯から、さらに遠くなってしまっているが！）、土光敏夫氏について触れておきたい。

土光氏は倒産の危機に瀕していた石川島播磨重工業（現・ＩＨＩ）や東芝の再建を果たし、経団連会長も務めた、昭和を知る日本人には有名な人物だ。

オイルショックのダメージを受けた日本の経済立て直しのために白羽の矢が立ち「土光臨調」と呼ばれた一九八一年（昭和五十六年）に始まる「第二次臨時行政調査会」（一九八一年〈昭和五十六年〉～一九八三年〈昭和五十八年〉）では、国鉄・専売公社・電電公社の民営化という大胆な行政改革に着手した。

土光氏が目指したのは「増税なき財政再建」だった。すでに八四歳になっていたが、とても不可能だと言われた改革を成し遂げたのだ。

その土光氏、質素すぎる暮らしぶりでも有名になった。古いボロボロの家に住み、記者が冬に取材のため自宅を訪れると、暖房がないため風邪を引いて帰って来たなど、逸話は多い。

ある時にＮＨＫから食卓を紹介したいと請われ、渋々承諾した際の映像が国民の間で瞬く間に評判になった。

「土光さんはメザシを食べている！」

夫人とふたりで囲む夕飯の食卓には、メザシ二尾、葉っぱ、梅干し、玄米ご飯と、味噌汁が並んでいる。それが毎日の献立だったのだ。

清貧な私生活は共感を呼び、これは「ヤラセ」ではないかと疑う声もあったようだが、実際には、普段はメザシすら無かったのだそうだ。

またも話が逸れてしまうが、このエピソードは大胆な行政改革の手腕を振るった人物の、自らを律する姿であるとともに、「粗食」（玄米と味噌汁といった食事）が心身の健康にもたらす効用という側面もあるように私は思っている。

ともあれ、こうした土光氏の質素倹約は「ヤラセ」ではないことが、その後はっきりした。同氏は私立学校の教育の充実を図るための私学振興財団への寄付者の筆頭になっていたことが分かったのだ。

計算すると、毎月一〇万円ほどを生活費に残したら後は収入をそっくり寄付していたことになると、経団連で秘書室長を務めた居林次雄氏の談が週刊ポスト二〇二一年（令和三年）六月一一日号に紹介されている。

「メザシ」の食卓は当時の人々の心動かした。公のために自身の生活も捧げる、この人が言うなら……ということで政治家も官僚も、国鉄などの民営化に動き始めたという。

改革は食卓から⁉

贅沢をしない一方で「社会は豊かに」が土光氏の信念だった。現在の政財界人も国を豊かにしたい思いは同じであろうが、なかなか上手くいかない。土光氏のように年齢を重ねても気力・体力を保ち、大きな事業を成し遂げる秘訣は、意外に毎日の食卓の上にあるのかもしれない……。

一方「メザシの土光さん」は、自身の質素な暮しとは対照的に、国家の将来に関わる投資には大胆だった。

そして、防衛装備品の未来も明るくしてくれた。それが、自らが陣頭指揮を執ったジェットエンジンの開発だったのだ。

「少なく見積もっても、向こう一〇年は赤字になるだろう」

企業にとっては大胆な決断だった。ジェットエンジンの開発など、当時にしてはどう見ても合理的ではない事業だったのだ。

何せ、航空事業が一切禁止された七年間を経て、やっと立ち上がったばかりである。断然先を行く欧米諸国にははるかに遅れて始めても利点がないと誰もが思っていた。

この事業に損失覚悟で乗り出すことを嘲笑する者も少なくなかったが、そうした中でも、土光氏の信念は決して揺るがなかったのである。

「ジェットエンジンの開発・製造を始めなければ、日本の戦後は始まらない！」

土光氏は、そうと決めると、次々に国産ジェットエンジン製造につながる施策を行なった。

J47エンジンを搭載したF-86

まず昭和三十年代に自衛隊が導入した戦闘機F-86のエンジンJ47のライセンス契約を製造元のGE社と締結。そして、間もなく、終戦直前のごく短い期間にジェットエンジンを作り上げ、「日本のエンジンの父」と言われていた海軍航空技術廠の種子島時休氏と、その部下だった永野治氏などを次々に招聘した。

石川島重工業（現IHI）を日本のエンジン技術の総本山としてのブランドにすべく、足場をしっかりと固めていったのである。

これだけの動きを土光氏ができたのは、やはり、松本の山中で身を潜めていた「ネ130」ミッションにあたっていた人々の存在があったからではないかと、つい推理してしまうのだ。

世界的に遅れているとイメージされがちな日本のエンジンなど航空部品であるが、潜在能力はあったのであり、この分野に潤沢な予算が付けられてこなかっただけだという見方も少なくない。

実際、現在、世界的に日本技術の存在感は大きく、日本の炭素繊維（東レ、東邦テナックス、三菱レイヨンによる）は様々な機体の軽量化のために大いに役立ち、この炭素繊維はジェットエンジンの性能を向上させている。

また、エンジン製造のための工作機械も、世界の名だたるメーカーが日本製を使っているケースも少なくないという。

さらに、宇部興産や日本カーボンなどが生み出す「チラノ繊維」と呼ばれる炭化ケイ素繊維（F－22戦闘機で使われているのは元々は日本製と言われる）は、世界中で日本が唯一製造でき、次世代ジェットエンジン素材として大きな期待を寄せられている。

土光氏が遺した種は実を結んでいるのである。

とにかく、戦後再び装備を国産できるようになった背景には、封印された思いを密かに温めていた人が存在したのである。

艦艇の建造にあたっては、船首の部分に余地を残しておき「いつかまた舳《みよし》に菊を戴くために」という思いを抱いていたという話も聞いたことがある。

国産技術の復活こそが国益だと認識した当時の人々が、損得勘定は差し置いて着手したという経緯が、日本の装備品製造の真実と言っていい。原価計算方式はそのような背景から生まれていた。

しかし、このような官と民が日本再建のために力を合わせた経緯は次第に色褪せていく。

終戦後、自衛隊の仕事をしたことで極左暴力集団の攻撃に遭った企業に頭を下げた官側、そして「再び日本の国産装備を！」という技術者たちの強い思いを理解した民側の経営者たちによって利幅の薄い調達制度は誕生し継続されてきたが、すでに述べたように、官民関係はいつの間にか不健全なものになっていったのだ。

競争入札の時代へ

一九九七年（平成九年）に、東洋通信機・藤倉航装・日本工機・ニコー電子の通信機器関連四社が、防衛庁に対し、一九八八年（昭和六十三年）度から一九九二年（平成四年）度にかけて計二〇億円にのぼる水増し請求を行なっていたことに端を発した「調達実施本部（調本）事案」が官民関係改革の大きな転機となった。

いわゆる「水増し請求」には、企業が赤字を余儀なくされている実態があるが、この「調達実施本部事案」では、調本側が防衛庁ＯＢの天下りと引き換えに、四社の過払い返還分を減額処理していたことが発覚し、問題が拡大してしまったのだ。

このような事案を受け、調達方法や組織改革が進められるようになっていたが、これに加え「防衛施設庁官製談合事案」が二〇〇五年（平成十七年）に発覚したことで、改めて防衛契約を巡る不祥事に関心が集まり、随意契約や天下りに対し一層厳しいルール付けが求められるようになった。

そしてさらに国民に悪い印象を与えたのは、二〇〇七年（平成十九年）の守屋武昌事務次官による汚職事件だった。守屋次官は夫人とともに輸入商社「山田洋行」からゴルフ接待を四年間にわたって受けていた。

これは「自衛隊員倫理規程」違反であり、守屋次官はその見返りに「山田洋行」に便宜供与をしていたとして東京地検に逮捕された。

こうした一連の事案によって、原価計算などの方法も怪しげに見られることになり、また「随意契約」や「天下り」＝「悪」というイメージを拡大させることになっていったのだ。

傷を深める企業と防衛省

不祥事の再発防止のために、それまで随意契約であったものも次々に競争入札に変更されていった。

該当しない企業には迷惑千万なことであったし、また、自衛隊幹部の企業への再就職は装備開発や運用面に資するものであったにも関わらず、全てが「天下り」として批判の対象のようになってしまった。

最も傷を深めたのは、自衛隊の現場だと言っていいだろう。

競争入札が広がることにより、低価格競争が苛烈となり、安い防衛装備品が数多く自衛隊に入るようになっていった。

当然のことながら、自衛官が命を預ける装備品に粗悪品は許されざることだが、競争性を担保するために仕様書にはあえて細かい要求は記入されず「安かろう悪かろう」の装備品が増えることになった。

調達改革のために幾度も繰り返された有識者会議においても「組織改編や一般競争入札への移行といった方策だけでは問題の解決にならないのではないか」との指摘が

なされていたが、抜本的な対策は見い出せないまま、随意契約をやめることだけに注力されるようになってしまった。

「性悪説」に基づき、あらゆる装備に競争入札を導入することは、結果的に防衛関連企業全体を痛めることになっていく。

当然、使い物にならない装備を買うことで困るのは自衛隊、それも運用現場の隊員たちである。彼らは自分たちのあずかり知らない癒着事案の代償を払わされていることになる。

二〇〇六年（平成十八年）度以降の一般競争入札の過度な拡大によって、粗悪な装備品が導入されることが相次ぎ、部隊に悪影響が生じているのは事実だ。

例えば、ある災害派遣現場では隊員たちの手が緑色になっていて、見た人は驚いたが、聞けば安物の手袋が色落ちしたのだという。また、安い電池が発火し火災が発生したなどの事例もある。

このように不良品が納入され、その度に再公募をかけることになるが、前回の価格が基準になるため、入札が不調となり、それまで作ってくれていた企業に頼み込み、赤字必至で受注してもらうことになる。

護衛艦等の建造についても一番艦建造の際の過剰な価格競争により、二番艦以降の予算が削減され、大幅な赤字受注となるケースもある。

競争性確保のため仕様を簡素化する傾向があるのは大問題だ。安値で落札された装備品の中には隊員の生命に関わる事故につながりかねない物もあり、最悪の事態となれば計り知れない損失を招くことになる。

そもそも不良品で使い物にならず再公募をかけること自体、ムダ使いであり、それが仮にシステム系など高額になればダブルコストによる損失は甚大だ。一部の関係者の不祥事のために防衛費や隊員を犠牲にしていいのか検証されるべきだろう。

広がるひずみ

罪の償いが招いた罪

過去の贈収賄事案を清算する形で防衛調達における競争入札制度は熾烈になっていった。しかし、その「禊《みそぎ》」は、とても未来の日本の防衛を見据えたものとは言い難いものだった。

「罪の償い」という名の制度厳格化が防衛基盤弱体化を招いているとしたら、それは誰も望まない刑の執行をしたことになる。

陰謀論的に言えば、わが国の防衛基盤を崩壊させるためにセンセーショナルな事件は起こされたのか？　ということになるだろう。

また、例え国益を損ねることが分かっていても「クリーン」であるという看板を掲げることだけに血道をあげ、政治はポピュリズムにしか目が向かなかったのなら、まことに罪深い。

今、盛んに「ゲームチェンジャー」であるとか「コア技術」「キーテクノロジー」を見出し、世界と伍していかなくてはならないなどと言われているが、そもそも、そうした潜在能力を潰してきたのは私たち日本人なのではないか？　という気がしてならない。

よくこの手の話では日本学術会議の体質が指摘される。この学術界と軍事の問題はもちろん改善されるべきであり、また後述したいと思うが、だからと言って、それだけが日本の敗因（と、あえて言ってしまう）ではないと思っている。

危ない競争入札

例えば、自衛隊から何らかの開発ニーズがあり、防衛省と民間技術者が共同で研究を始めたとする。長年かけてそれがやっと装備として導入されることになった時に、いきなり「競争入札ですから」ということになり、別の会社が受注するということが起きている。

これは企業にとってリスク以外の何ものでもない。何のために防衛省に協力したのかと不信感ばかりが増大することになる。

仮に、最初は受注できても二回目以降の契約でも毎年、入札となる。このことにより、常に失注のおそれがある上に、毎回の手続きにかかる労力とコストは大きな負担だ。

このように、最後は裏切られるかもしれないのに、自衛隊から持ちかけられた研究開発を請け負うという構図は、これこそが「不適切な関係」だ。

自衛隊の高官でも、企業を上から見下すような感覚を持っている向きも珍しくない。誘えばホイホイと尻尾を振って付いてくるとでも思っているのなら、ここにも構造的な問題があると言っていいだろう。

「企業は損得勘定など抜きで防衛省・自衛隊に従うのが当たり前」などと考えている輩は、いつか自分が痛い目に遭うはずだ。

民間企業にとって、全く予見の可能性がない状態での先行投資は困難であり、高品質な装備品製造を阻害していることから、結果として国力を削ぐことになっているのである。

とにかく、過去の不正事案に縛られ続け、随意契約＝悪といったイメージが定着してしまったことは国にとって痛手だ。

確かに、民生品に近いものは競争入札が相応しいケースもある。しかし、特殊技術が求められるものは、随意契約にすることで、むしろ質の向上につながるものもある。多くの防衛装備は後者に当てはまるのではないだろうか。

他に競争相手がおらず結果的に随契になるものもあるが、あくまでも競争入札を前提にしなければならないのが現状だ。本来であれば、競争入札に相応しいものと随契が相応しいもの、これらを使い分け、誹りを恐れずその意義が語られるべきではないかと思う。

防衛装備の安値競争

二〇一九年（平成三十一年）三月に、コマツが陸上自衛隊車両の新規開発事業から撤退すると発表し、衝撃が走った。

一般的にはあまり知られていないが、コマツは自衛隊の車両だけでなく、りゅう弾や戦車砲弾を製造する弾薬メーカーであり、車両製造も併せて名だたる「防衛産業」の一つである。

陸上自衛隊の96式装輪装甲車（WAPC= Armored Personnel Carrier）の後継車両をコマツが受注して試験車両を納入したものの、対弾性能を満たさなかったため、二

小松製作所が開発した96式装輪装甲車。2019年3月、コマツが陸上自衛隊車両の新規開発事業から撤退すると発表された（写真：陸上自衛隊）

〇一八年（平成三十年）に開発を断念せざるを得なかったのだ。

その後、防衛装備庁は三菱重工業の機動装甲車、フィンランドPatoria社のＡＭＶ、カナダＧＤＬＳ社のＬＡＶ6.0の三つを試験用車両として選定している。

報道などからは、コマツが性能を達成できなかったことばかりが印象に残るが、この受注のウラに熾烈な競争入札劇があったことを報じるものは少ない。

同じく手を挙げた三菱重工業との争いとなり、最終的には破格の安値で落札したと言われている。その予算内で要求性能を追求するために相当な無理が生じたことが容易に想像できる。当然、競争が行なわれた当時の関係者も困難は予測し得たはずだ。

しかし、誰も制度に逆らうことはできず、常識を逸脱した条件での開発と知りながら、それを黙認するしかなかったのだ。

そんなことでは優れたものは作れないことは明らかだ。その結果、海外製を選ぶことになるならば、「防衛生産・技術基盤の維持」と盛んに言っているのは全くのお題目でしかないのか、と思わざるを得ない。性能の向上だけを求めるなら外国の製品をもっと見て情報を集め、それらを導入したほうがよほど自衛隊のためになる。

しかし、現在は、なるべく国内調達を試み国内基盤を維持する姿勢を見せつつ、実態は競争制度でお互いに完膚なきまで傷つけ合わせ、再起不能なまでに追い詰めている状況だ。企業を育成することはせずに、ただ価格競争で痛めつけていながら「外国よりいいものを作れ」というのは無茶だ。

今、防衛費を圧迫しているのは、多くがFMSなどの海外製品である。国産には無いもの、国産より優れたものが買えると言われているが、こうした輸入品に負けないためには、本来、防衛省・自衛隊と企業が二人三脚での挑戦を続けて行くしかないのだ。

「基盤維持」と言うのは簡単だが、本気で行なうためには国が相当な覚悟をしなければならない。

艦艇事業でも広がるひずみ

海上自衛隊の装備品でも同様の現象が起きている。二〇二〇年（令和二年）に就役した新型イージス艦「まや」はジャパンマリンユナイテッド（ＪＭＵ）が受注したが、ここでも三菱重工とのし烈な争いがあった。〈※ＪＭＵはＩＨＩマリンユナイテッドとユニバーサル造船が二〇一三年〈平成二十五年〉に合併した造船会社〉

その後、ＪＭＵは二番艦も落札し、長年に渡りイージス艦を建造してきた三菱重工を差し置いて堂々のイージス艦建造企業となった。

とはいえ、同社の前身企業としてずいぶん前に経験はあったものの、（ＪＭＵがイージス艦を建造するのは同社統合前のＩＨＩが一九九三年（平成五年）度に受注した『ちょうかい』以来となる）事実上は初のイージス艦受注ということで、建造には計り知れない苦労があったことは想像に難くない。

何より、イージス艦を知り尽くしている三菱重工の協力が得られなかったことは痛手だったはずだ。

そもそもわが国の艦艇建造は「長官指示」によって進められてきた。「長官」とは「防衛庁長官」を指し、一九九九年（平成十一年）まで海上自衛隊艦艇の建造は、この「長官指示」という受注を希望する造船所の能力や価格などさまざまな条件を精査して決定する方式がとられていた。

しかし調達改革によりこの制度も廃止され、競争入札制度に変わったのだ。この時の防衛調達制度調査検討会の議事録には、長官指示を廃止することによる艦艇建造基盤弱体化への懸念や、競争による価格低下から品質確保が困難になる可能性などを指摘する声が出ているが、「競争原理を導入することが原則」という流れには抗えなかった。

また「長官指示」というネーミングも、いかにも防衛庁長官が恣意的に決めているかのような響きがあり誤解を招くこともあったようだ。これは、あくまで、技術審査の結果を長官に報告し、それを最終的に承認しているにすぎなかったのだが……。

イージスシステムを搭載した護衛艦「まや」(出典：海上自衛隊ホームページ)

「長官指示」廃止の余波

とにかく、艦艇建造においても競争入札制度が始まったことで、その基盤の崩壊が進んでいくことになった。

護衛艦は、みためは民間の船と同じ「船」のようだが、実際は「船のようで船ではない」と、よく言われる。

なぜなら、そこにある技術は商船とは比較にならないものだからだ。例えば鋼板の厚さは商船の半分以下の「数ミリ単位」。そして、それを曲げる角度も一センチ単位で修正が要求される。

ただでさえ、鋼板は気温によって数センチのゆがみが出るため、そうした気象条件も考慮して作業しなければならない。

また、極めて狭い艦内には、各区画に電線が複雑に密集している。この電線の艤装密度は商船の約二〇倍にもなると言われているほどだ。つまり、想像を絶するほどの繊細な設計技術が必要なのだ。商船と艦艇では、要求される技術が全く異なるのである。そのような装備品に競争入札が適切なはずはない。

これまで海上自衛隊艦艇の建造期間は五年と定められていたが（設計期間を入れると実質的には四年）、実際には一〇年はかかるというのが暗黙の認識だった。つまり、企業はフライングで準備をするしかなかったのだ。

イージス艦については三菱重工が自主的に事前研究や準備をしていたからこそ建造し得たのであり、その実績を一蹴するような一発勝負の競争入札に同社のプライドは大きく傷つけられたはずだ。失注したイージス艦建造への協力など望めるはずもない。

それぞれの苦しい事情

一方、ＪＭＵにも新型イージス艦受注に至る深刻な事情があった。二〇〇九年（平成二一年）に就役したヘリ搭載型護衛艦（ＤＤＨ）「ひゅうが」は、同社（当時のアイ・エイチ・アイマリンユナイテッド＝ＩＨＩ　ＭＵ）が受注し建造したが、実は大きな赤字を出している。

その額、一〇〇億円は下らないと噂されたが、もちろん企業としては真実を明らかにしていない。

しかし、いずれにしてもそれほどの赤字を出してでも艦艇建造技術継続を図ろうとしたということだ。もし、これを受注できなければ、人も設備も維持することができず、事業継続は困難という局面だった。

同社はこの後、同じくＤＤＨ二番艦（「いせ」）も受注し、海上自衛隊の保有するＤ

DH四隻全て（「いずも」「かが」）を建造した。連続建造をすることで効率化と各種経費の削減を図り、やっと当初の赤字から採算ベースに戻したと言われている。

このDDHの建造以降も、年に一度あるかないかの護衛艦の受注をめぐり、技術者と設備の操業を保つために激しい価格競争が繰り返されることになった。

JMUが受注を目指した護衛艦を三菱重工が二隻連続で落札したことなどもあり、DDHを引き渡した後、ドックが何年も空いてしまうことを避けるためJMUはとうとうイージス艦受注に乗り出したのだ。

下請企業を圧迫することにも

安値での受注が及ぼす影響は大きい、プライム企業に連なる無数のベンダー企業はそのしわ寄せを受けることは必至で、こうしたベンダー企業が事業継続を断念すると、海外の部品を使用することになってしまう。

また、忘れてならないのは、こうしてコスト削減が行なわれることにより品質の信頼性が低下すれば、そのあおりを受けるのは他でもない運用者である自衛隊だということだ。

北朝鮮のミサイル対処は現在、イージス艦に頼るところが大きいことは言うまでもない。その意味で、イージス艦建造のこのような状況は、国防上、致命的になりかねないとも言えるだろう。

連続受注の状況だけ見れば、ＪＭＵは艦艇の受注争奪戦で圧勝しているように見えるが、実際には安値受注をくり返し必死に事業を繋いでいる姿があるのだ。

もとより三菱重工も技術者やドックの維持のために無理をしてでも受注を試みたかったかもしれないが、ちょうどこの頃手がけていた大型客船が三度も火災に見舞われ、約二五〇〇億円超もの特別損失を計上したことも大きく影響しただろう。

余談になるが、コロナ発生で有名になった客船「ダイアモンド・プリンセス」は三菱長崎造船所で建造されたもので、本来の船が建造中に出火したため、二番船として建造中だった「サファイア・プリンセス」を「ダイアモンド・プリンセス」に改修したという経緯がある。

客船と艦艇は関係ないだろうと思われるかもしれないが、企業は民間事業で利益を得ていなければ、とても防衛事業を引き受ける余裕がないということを示唆している。

浪花節の装備品作りを終わらせる

戦後まもなく防衛産業が再起するに至った経緯から読んで頂いているが、ビジネスの世界ではこうした物語に嫌悪感を持つ人も少なくない。

全く合理的ではないからだ。大手企業も昔のように「お国のためなら」という経営者の一存で物事を決められるご時世ではなく、新しい経営者は当たり前のことを当たり前に決める（当たり前だが）。

二〇〇九年（平成二十一年）に航空機タイヤ事業から撤退した横浜ゴム、同じく撤退したレーダードームや燃料タンクなどを開発していた住友電工がかつて週刊新潮のインタビューに答えているが「利益率が低い」「コストが見合わない」「成長性がない」とはっきり答えている。

民生品事業に依存して防衛事業を継続させようというやり方は、もはや時代に見合わなくなっているのである。

30FFM建造と問題点

艦艇建造の危機

防衛事業だけでは利益が出ないため、民需の売り上げで何とかつないでいるのが多くの防衛産業の実態だが、艦艇については日本の商船建造が韓国や中国に負け続けているため、その手段も期待することができなくなった。

こうした流れから「日本の艦艇建造も危ない」と言われるようになっていた。しかし、述べてきたように、そもそも艦艇建造が弱められてしまったのは「長官指示」を廃止したことが大きく影響したからであり、商船の競争とは本来は関係ないはずだ。

自衛隊艦艇は商船などとは全く違う技術を要するのであり、商船で負けているから軍艦作りも弱くなるという理屈は、本来おかしい。

わが国で「造船業の危機」＝「自衛隊艦艇の危機」という論理が当たり前のように言われるようになっているのは、儲からない防衛事業を民需収入で賄っている構図があるからで、防衛だけでやっていかれるように国が施策を打ちだせばいいのである。

一方で、ひとたび変えてしまったルールは元には戻せない。「長官指示」のような調達方法に戻ることはできないというジレンマがあり、八方塞がりのような混迷が続いていた。

しかし、国を守る「軍艦作り」をわざわざ投げ出すようなことは、とても正しい方向性とは言えないということを、多くの関係者が認識していたことも事実だった。

新たな試みへ

諸外国に目を向けてみると、競争入札を導入している国は多いが、米国などではコストだけでなく設計や建造技術に対する評価を同時に実施している。そして、失注した企業にも仕事が振り分けられる仕組みがあることが分かっていた。

欧州では、まずプライム企業が決まり、競争で敗れた企業がその下請けを担うようにしているといい、いずれも政治のイニチアチブによって艦艇建造基盤を守ってきているのだ。

そうした海外のやり方も鑑み、日本も自らの施策が艦艇建造基盤を崩壊させる方向に突き進んでいることへの危機感が高まってか、ようやく新たな調達方法の試みが始まった。

二〇一八年（平成三十年）度予算から建造開始された「30ＦＦＭ」は、まず試設計を実施し、防衛省が企画提案を募集、応募した企業から提出されたものを装備庁や海上自衛隊が評価した上で選定するという方法を取ることになったのだ。

この艦艇（ＦＦＭ）は四年間で八隻建造することがまず決まり、結果は三菱重工業が受注を勝ち取っている。また提案で二位となった三井造船を下請企業に選定するという、これまでにないやり方となった。

一隻ごとに異なる企業の異なる設計思想によって建造されるより、設計を共通化することでコスト削減が図れることにもなる。

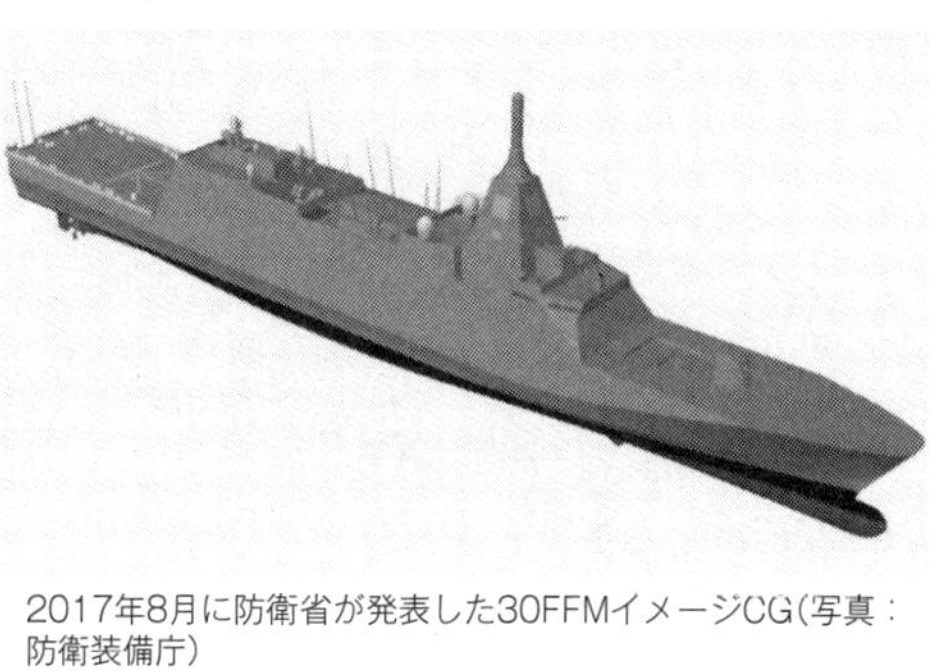
2017年8月に防衛省が発表した30FFMイメージCG（写真：防衛装備庁）

このFFMの場合、下請けとなった三井造船が二番艦を建造をした。同社のドックを稼働させる目的である。

このように、従来の価格（の低さ）だけで競争させるやり方を改め、設計や建造能力、そして維持管理のノウハウなど総合的に評価するというのは極めて常識的な考え方と言えるだろう。

また、競合企業を打ち負かすのではなく、力を合わせて良質な物を作りあげたほうがいいに決まっている。

何度も繰り返すが防衛装備の多くは特殊な技術によって作られている。こうした柔軟な改善はしっかり説明すれば多くの世論の理解も得られるだろうし、誹りを恐れて何も変えようとしないほうが問題視されるべきだったのだ。

FFMの抱える問題

調達方法の話が先になってしまったが、この護衛艦はその特徴も全く新しい発想のものとなっている。

「コンパクト艦」という位置づけとされていて、これまでの護衛艦の多くは排水量が五〇〇〇トンくらいだったが、それらより小型の三九〇〇トン級となる。

聞き慣れない「FFM」という艦種記号は、諸外国で同程度クラスの艦艇であるフリゲートの「FF」に「Multi-purpose（多目的）」のMと「Mine（機雷）」のMを合わせたものだという。文字通り、多様な任務が想定された艦なのだ。

とりわけ機雷戦能力の導入は従来艦にはない特徴で。掃海部隊がその規模を縮小した上に水陸両用作戦も担うことになったこともあり、FFMによる機雷戦能力の担保が期待されている。

乗員も約九〇人と少人数化して「クルー制」を導入する計画で、これは三隻の護衛艦に対して四組のクルーを組織し、三組が乗艦して一組を休養にあてる方法だ。これによって停泊期間を短縮することができ、艦艇の運用効率を向上させるという。

「クルー制」は人員不足の海上自衛隊で、かねてより浮かんでは消えていた働き方の仕組みだが、艦によって特徴が違うことや、自身の乗る船を知り尽くし、そこを「家」となす日本人気質には馴染まなかったが、人手不足と任務過多が進むばかりの中、背に腹は代えられないことになったようだ。

最大の特徴はコスト抑制

一番艦の「もがみ」が三菱重工・長崎造船所で、二番艦の「くまの」が三井E&S

「もがみ」型護衛艦「のしろ」(基準排水量3900トン、62口径5インチ砲1基等搭載)(写真：海上自衛隊)

造船・玉野艦船工場で、三番艦の「のしろ」が三菱重工・長崎造船所で、すでに進水を済ませている。四番艦が三菱重工・長崎造船所で二〇二一年（令和三年）一二月に進水し、二〇二二年（令和四年）三月には一番艦と二番艦が就役した。

二〇二〇年（令和二年）一一月一九日、二番艦が一番艦に先立って進水し「くまの」と命名された。これは一番艦の運転試験の際に、ガスタービンエンジンの脱落部品を吸い込んで機関が損傷し、計画に遅れが出たことによるものである。

二〇二一年（令和三年）三月三日、遅れていた一番艦の進水式が行なわれ「もがみ」と命名された。

そして最大の特徴と言えるのは、建造費

が四〇〇〜五〇〇〇億円程度ということで、コストを低く抑えていることだ。

この点については評価に値することとして各所で取り上げられているようだが、コストを抑えるということは、その分何かを犠牲にしているのは明白で、それについてはメディアなどが指摘したり追及している気配はない。

それと、低価格の部品は消耗も早く、メンテナンスやオーバーホールに費用がかかり、長期的にはコストが高くなるという見方もある。

ともあれ、海上自衛隊では将来的にこのFFMを二二隻にまで増やす方針で、南西方面などでの警戒監視活動に隻数を増やすことが、まずは喫緊の課題であることを物語っている。

三菱&三井の合併

この流れの中、FFMが取り持った形で、二〇二一年（令和三年）一〇月に三井E&S造船は艦艇事業を三菱重工に譲渡した。

そのため、FFMは結果的に二社の艦艇部門が合併した新しい会社で担うことになった。防衛産業では久々の大きな再編劇となる。

三井はこれまで音響測定艦など特殊な艦艇を建造してきたが、こうしたものはなかなか連続建造されず次の建造機会まで長年の期間が空くため、設備などの維持に苦労が絶えなかった。

欧米諸国では防衛産業の合併がダイナミックに進んでいることから、日本でもかねてから業界再編の必要性が言われていたが、その旗振り役は誰が務めるのかという話になると必ず意見が分かれていた。

企業は官の主導であるべきといい、官側は企業が推し進めるべきだと主張する。よほどの事情がないとこの平行線が続き、日本では防衛産業の再編はほとんど進んでいないと言っていい。

実際、諸外国で再編が進むのは、その先に良いことがあるからだ。つまり、儲けに繋がる輸出で他の競争相手より優位になるという理由が大きいだろう。

わが国のように、弱っている部門どうしが生命維持のために合併するという発想はない。そもそも社風も全く違う企業が一緒になることは容易ではないのであり、わざわざ苦労をしてそれを行なうインセンティブが企業側に無かった。

しかし今回は、三菱重工側が積極的に主導したと言われていて、大きな時代の転換期が到来したと言えそうだ。ただ、もう一つ明確になったのは、国が決められないことを民間企業が行なって成り立っている日本の構図とも言えるだろう。

インドネシアへの輸出を目指す

三菱重工が再編に乗り出したのは、これまでのような弱りゆく防衛事業の救済策といった考え方ではない、前向きな動機があったと考えられる。それはインドネシアへの移転可能性だ。

二〇二〇年（令和二年）の秋頃から、政府などがＦＦＭのインドネシアへの輸出あるいは共同生産に向け動き出していると報じられ始めた。二〇二一年（令和三年）三月に東京で開催された日本とインドネシア政府による外務・防衛閣僚会合（２＋２）で、両国が防衛装備品の輸出を可能とする協定に署名したこともあり、日本国内ではまたも、もう決まったかのような、やや前のめりな見方が出ていたようだが、結果的にはこの競争にも日本は敗退するかもしれない。

これは、インドネシア海軍がフリゲートを調達しようとしていたもので、日本がＦＦＭの一番艦「もがみ」型（30ＦＦＭ）を提案していた他に、オランダ、イタリア、イギリスが受注に向け乗り出していた。

そんな中、二〇二一年（令和三年）六月にイタリア企業から、インドネシア国防省とフリゲートの取引が成立した旨の発表があったことから、日本のＦＦＭのインドネシアへの移転は非常に厳しいと考えるのが妥当だろう。

トラブル続出の取引

残念なニュースではあるが、とはいえ、インドネシアへの装備品輸入の様子を眺めると、非常に心配な面が見えてくる。

同国は装備品の取引で、韓国やロシアなどとトラブルを起していると言われている。支払遅延（不払い？）や唐突な方針変更などのようであるが、実際にインドネシア国軍との交渉を経験した関係者によれば、同国との交渉は「かなり難しい」ということである。

曰く、そもそも軍の担当者が約束の時間に来ない、会議室が手配されていなかった……などなど。意思決定権者が分からないとか、賄賂を渡すのは当たり前とか、どんなに日本の官僚が優秀でも太刀打ちできない世界がそこにはあるのだという。

追って触れたいと思うが、東南アジアの国では装備の購入資金がないため、農産物などで支払いに充てる「オフセット」取引を求める場合が多く、これを防衛省（の装備庁）や民間企業が決められるはずはない。

純真無垢な日本がこのような国を相手に、しかも諸外国を競合にして（場合によっては米国も敵になるだろう）挑むならば、相当な覚悟が必要であることは認識しておかなくてはならない。

深刻な課題も

輸出も視野に入れて生まれたＦＦＭは、その仕様も従来の護衛艦より緩和させたものとなっている。諸外国は、輸出用の装備は型落ちを充てるのが常であるが、日本の場合は、メインの運用者である海上自衛隊が自らスペックダウンした装備を使用するという構図になってしまっているのだ（しかも輸出も未知数……）。

運用上、最も問題視されているのは、ダメージコントロールについてである。通常、軍艦というのは、被弾したとしても消火したり応急の修理をして戦い続けるような構造になっており、それを「ダメージコントロール」と呼んでいる。

しかし、ＦＦＭはこれまでのダメコンの思想を排除したものになっている。ダメコンこそが軍艦とそうでない船との決定的な違いだとすれば、ＦＦＭは軍艦ではないことになる。元来は護衛艦の隻数にカウントしない構想だったという話もある。

ただ、当初そのようなコンセプトがあったにせよ、現実には、海上自衛官が、みためは護衛艦だが軍艦仕様ではない乗り物で活動する、という状況になろうとしているのだ。

もちろん、ＦＦＭの構想は昨今の安全保障環境を見据えた海上自衛隊の決断であり、必要性が生んだものであるが、やはり気になるのは、このことがますます防衛基盤を脆弱にするのではないかということだ。

ベンダー企業への影響

これまで艦艇など装備品の多くは防衛省規格であるＮＤＳ（National Defense Standard）に準じてきた。これは米軍のＭＩＬ規格（ミルスペック）などに適用すべく定められた厳格なもので、これに合格できる技術が防衛産業の、とりわけベンダー企業には求められてきた。

しかし、そこまでのハイスペックである必要がないということになれば、当然、高度な技術も必要がなくなる。民生品で代用できるようになってしまうのだ。

艦艇の隻数を増やし、それは「防衛生産・技術基盤維持のため」と一部では報じられているが、下請け企業については撤退させる方向に進んでいるという皮肉な現実がある。

また、海上自衛隊の人員という側面でも懸念があるようだ。省人化を進めるのはいいが、そうなると、定員そのものを減らさねばならない可能性が出てくるのだ。装備を動かすのに必要とされる人員数が「定員」となるためだ。

艦艇に必要な所要人数が少なくなるのに、それ以上の人員の要求はできないという理屈が働いてしまう。

ＦＦＭの導入によって装備の質が低下するだけでなく部品などで信頼性を築いてきたベンダー企業が失注することによる技術の喪失、ダメコンやミルスペックなどが当たり前ではなくなり、クルー制への転換も始まる……など良かれ悪しかれあらゆる意識の改革が必要となっている。

全ての日本の装備品情報を開示？

艦艇建造二社体制

自衛隊ＯＢなどで構成される組織「隊友会」「偕行社」「水交会」「つばさ会」が毎年出している「政策提言書」の二〇二一年（令和三年）度版に目を引く記述があった。「艦艇建造及び造修態勢の検討と見直し」というものだ。

そこには「国内護衛艦建造造船所二ヵ所体制が維持される必要」が訴えられている。そのために現行の入札方式の下で「護衛艦兼建造二社体制維持への配慮と工夫が必要と考えます」としている。

これは非常に大きな提言で、防衛基盤維持のために誰もが分かっていながらハッキリ言わなかったことだ。

提言では二〇一八年（平成三十年）度以降建造護衛艦（ＦＦＭ）で企画提案方式を取り入れたものの、これを継続していくと二社のうち一社だけが建造を継続することができるが、一社はこの先五年以上にわたり建造の機会がなく、建造能力の低下を余儀なくされると、現状を明らかにしている。

ここでも書いてきたように、二社のうちの一社は三菱重工と三井造船が合併した三菱重工マリタイムシステムズ株式会社で、ＦＦＭは二二隻まで増やすことになっている。一方、もう一社はＪＭＵ（ジャパン・マリンユナイテッド）で、イージス艦「はぐろ」を最後に、今後新造の予定がない。

どんなものでも同じだが、一社だけが担えば、価格はその会社次第になってしまい健全性を欠くことになる。競争入札は、多くの企業の参画を促し、かつ安く調達できる制度と認識されているが、安値で受注できるのは体力のある企業であり、防衛調達においては結果的に強い企業だけを生き残させる制度になってしまうのだ。

イージス・アショア問題にも関係か

同「政策提言書」では、価格の側面よりむしろ「海上防衛能力」の低下を懸念している。つまり、護衛艦を建造できる造船所が限定的になると、有事における「抗堪性

(sustainability)」や「耐久力（resilience）」の維持に問題が生じるということである。そのため「二社体制」の維持が必須であるとしている。

従来、こうしたことを公の場で言うことさえ躊躇があったが、ここまで踏み込むのは、いよいよ危機感が高まったと受け止めるべきだろう。これを実現させるためには、防衛省や海上自衛隊の確固たる意志が不可欠だ。そこが最も難しい点かもしれないが……。

イージス・アショアのイメージ模型

ところで、暗礁に乗り上げている「イージス・アショア」問題もここに関係しているように見える。

アショアはいつの間にか、代替艦として「イージス・システム搭載艦」を導入する方向で検討されているというが、建造基盤を維持するために浮上した案とも考えられなくもない。基盤政策を本気で取り組んでこなかったツケをミサイル・ディフェンスが払う形で影響が出ているのではないだろうか。

「イージス・アショア」については、そもそも海上自衛隊の人員不足によるイージス艦の負担軽減を図る目的も含まれていたことを考えれば、この上、新たな艦艇を建造するというのはおかしな展開だ。

違約金や、積み上げたコストをムダにすることの責任問題化を避けたいという意向が感じられるが「サンクコスト」（埋没費用）に縛られてますます泥沼化するならば、思い切って損切りをして、白紙に戻すべきではないかと私は思っている。

生産基盤の分散については価格の健全性だけでなく有事における抗堪性という意味で必要なことであり、それはそれで、しっかり国民に意義を説明した上で、艦艇建造基盤の安定化を政策として進めていかなくてはならない。

NATOカタログ制度

さて、FFMがスペックを変更したことについてはすでに述べたが、他国と装備品のやりとりをするにあたり必需となっている国際的枠組みについて触れておきたい。

NATOカタログ制度（NATO Codification System=NCS）は、NATOが多国間で物品データの取り扱いをできるように作ったプラットフォームで、世界六五ヵ国で通用する共通の番号により相互運用・標準化の促進、重複の抑制、互換性の確保、後方支援を円滑に進めようというものだ。

また、運用の現場で適切な品目を確実に入手できるようにする目的もある。人種も、使う言葉も違う国との間で、NATO物品番号という共通言語を通してコミュニケーションを図ることになる。そしてこの多国間の連携は、それぞれの国の陸海空軍、そして補給担当、整備担当、製造会社、工場とも繋がる。

始まりはもちろんNATO加盟国間でのものであったが、現在は加盟国以外の国にも広がり六五ヵ国の規模となっている。

ここには「相互運用性（Interoperability）」を向上させる目的がある。そもそも言語も異なる国々が協同していく上で、部品一つ取ってもその名称は国によって違う。仮に燃料の洋上補給を行なうとして、同じ軽油でも種類が違うなど、やり取りを複雑にする要素をなくすために全ての物を規格番号化し、それを言わば共通言語にしたのだ。

米国主導で始まったこの「グローバル・ロジスティクス戦略」で、各国が様々な装備品を一三桁のナショナル・ストック・ナンバー（NSN）と呼ばれる単位で登録し、ここにスペックや技術情報が掲載され、このナンバーを通して互いに売買もできるようになっている。

この枠組みでは、参加国を「ティア・ワン（Ｔｉｅｒ１）」レベルと「ティア・ツー（Ｔｉｅｒ２）」に区別し「Ｔｉｅｒ２」国どうしは互いに部品などの情報共有と取得、また整備事業も行なうことができる。

一方で、「Ｔｉｅｒ１」国は物を購入することしかできず、日本は「Ｔｉｅｒ１」には入っていたが、長年「Ｔｉｅｒ２」国にはなれず二〇二〇年（令和二年）にここに入れたばかりだ。韓国は日本よりはるか前にすでに「Ｔｉｅｒ２」になっていた。「Ｔｉｅｒ２」昇格の壁は高く、審査に八年かかったという。

因みに韓国の取り組みは非常に積極的で、武器輸出での外貨獲得を目指すだけでなく、在日米軍の戦闘機の補給・整備事業も獲得している。

ここまできているワールドネットワーク

「Ｔｉｅｒ２」か「Ｔｉｅｒ１」かの違いは大きい。二〇二一年（令和三年）一二月現在、「Ｔｉｅｒ２」に属する国は一九ヵ国で、アルゼンチン、オーストラリア、オーストリア、ブラジル、コロンビア、フィンランド、インド、インドネシア、イスラエル、日本、韓国、マレーシア、モロッコ、ニュージーランド、セルビア、シンガポール、スウェーデン、ウクライナ、ＵＡＥとなっている。

近年、「Ｔｉｅｒ２」入りを認められたのは、アルゼンチンが二〇一七年（平成二十九年）一月に、スウェーデンが二〇一七年（平成二十九年）八月に、ＵＡＥ（アラブ首長国連邦）が二〇一八年（平成三十年）九月に、インドネシアが二〇一九年（平成三十一年）一月に、ウクライナが二〇一九年（平成三十一年）一月に、インドが二〇一九年（平成三十一年）二月に、コロンビアは二〇一九年（令和元年）七月に、日本は二〇二〇年（令和二年）一〇月という順番だ。

ヨルダンは現在のところ申請中ということで、このネットワークは広がっていくことが考えられる。

一方、登録された情報の閲覧しかできない「Ｔｉｅｒ１」国は一六ヵ国となっていて、アフガニスタン、アルジェリア、ベラルーシ、ボスニアヘルツェゴビナ、ブルネイ・ダルサラーム、チリ、エジプト、ジョージア、オマーン、パキスタン、ペルー、カタール、サウジアラビア、南アフリカ、タイが名を連ねている。また、二〇二一年（令和三年）五月にパキスタンがＴｉｅｒ１の仲間入りをしたようだ。

「とっても速いです」に冷笑

二〇一一年（平成二十三年）から「Ｔｉｅｒ１」レベルでこの国際枠組みに参画し

てきたわが国であるが、二〇二〇年（令和二年）一〇月に、ようやく「Ｔｉｅｒ２」レベルに昇格した。これにより、やっと自国の装備品などについてその情報を登録し、発信することができるようになった。

考えてみれば、このような地位を獲得していない中で、「武器輸出を解禁した」などと言っても、実質的には情報発信もできていなかったのである。

装備移転の促進のために防衛省は近年、企業に国際的な展示会への参加を促している。しかし一方で「公表以外のスペックについては話してならない」原則は残っているため、具体的な性能について伝えることができなかった。

商談以前に、関心を持った人がブースを訪れて基本的な情報を知ろうとしても、そこには口を固く閉じる日本人がいるだけなのだ。かろうじて言えるのは「とても速いです！」「とても強力です！」など抽象的な表現に限られていたのだ。

詳細を語れないなら、では「これは三〇〇㎞くらい飛ぶんですか？」などという聞き方をしても、日本側は「Ｙｅｓ」とも「Ｎｏ」とも答えられないのである。質問の主はこの時点で「バカにしているのか！」ということになり、せっかくわざわざ海外にまで行って展示会に参加しても、失望感を与えて帰って来ることになっていたのだ。

仮に定量的なデータではない内容、例えば輸送機などが着陸可能な場所の条件であるとか、そうした内容に関してもカタログ以外のことは答えられないという認識が日本企業にはあるため、企業の頭が固いイメージを持ってしまった外国人も多いかもしれないが、そもそも、何を見せていいのか喋っていいのかルールが定められていない中でこうした場に参加していたことに無理があったのだ。

自衛隊の海外派遣もそうだが、決定に至るまでに反発や批判があまりに多いため、いつの間にか、そこに行くことそのものが最終目的のようになってしまい、そこで何をするのかまで考える余裕がないというのがありがちなのだ。

Tier2昇格の覚悟

こうして「何も話せない展示会出展」というホロ苦の体験を重ね、わが国はやっとのことでTier2国となり、以降は順次、日本国内でしか通用しなかった国産品の物品番号をNATO物品番号に切り替えていくことになった。

ここには製造元の企業情報も掲載されることになり、これを閲覧した国の政府関係者や海外企業は、その個別の企業に商談の打診をすることになる。

しかし、製品情報はNATOカタログ制度の共通言語で知らせることができるようになっても、次のステップである具体的なセールスについては、勝手に話を進めることはできない。「外国為替及び外国貿易法」（＝外為法）に引っかかる可能性が高いからだ。そうなると、経済産業大臣の許可が必要となるため、状況はまだ複雑だ。装備移転はできるようになっても、外為法は緩和されているわけではないため、そのあたりで各企業を困惑させることにならないかが懸念されるところだ。

他方、自衛隊の運用面ではプラスの要素が大きいのではないだろうか。多国間演習などで様々な面での円滑化が進むことが期待される。

元来ＮＡＴＯは多国籍の任務が前提のため、あらゆる分野に性能を標準化する基準であるＳＴＡＮＡＧ（Standardization Agreement）を設定していた。耐弾性能など国によってその標準が異なっていては共同運用ができないからだ。

自衛隊も多国間での訓練・演習に頻繁に参加するようになっており、規格の標準化は装備移転のみならず、運用上の必要性も満たすと言えるだろう。

選別作業はどのように？

とはいえ、ここまでで、読者の方には「これは大変な制度に首を突っ込んでしまったのではないか」という思いを抱いた方もおられるのではないだろうか。私もこの話を初めて知った時は非常に驚いたことを覚えている。全ての日本の装備品情報を開示するようなことがあっていいのかと。

しかし、当然のことながら、いずれの国も掲載するものしないものをより分けている。日本にとっては今後、その作業に骨が折れることにはなると思われるが、もはやこれまでのように、何でもかんでも「秘密」でいい時代は終わったと認識しなければならないだろう。

また、装備品の仕様についても全てをＮＡＴＯ標準にする必要があるわけはなく、従来の日本のミルスペックを守るべき物についてしっかり区別するべきだろう。ただ、わが国ではどうしても価格が安くなることこそが良いことという価値観で防衛装備までも評価されてしまうため、ＮＡＴＯ規格の方が安くできるという理由で守るべき技術を失うようなことにならないようにして欲しい。

規格が緩んだことで特殊技術を持っているベンダー企業が実際に仕事を失っており、これでは「防衛生産・技術基盤」維持の動きに逆行していることになる。

装備移転を目指して、Ｔｉｅｒ２の仲間入りを果たしても、良い技術を失ってしまっているのでは誰も日本の物品を欲しがらない。大いなる矛盾が生じてしまうのである。

市場開拓や後方支援にメリット

ＮＡＴＯのデータには約一八〇〇万件のＮＳＮ（物品番号）が登録され、その下に民生品が約四〇〇〇万品目存在し、三〇〇〇万件もの関係組織がそのデータを登録しているという。

これを見れば、どの国が何をどこから買っているかも分かる。つまり市場開拓にも使うことができる。

逆に、何か物を買いたい側にとっては、例えば急いで燃料を調達したいという時に、どのような種類をどこが売ることができるのか、一目瞭然で見つけることができるのだ。その意味で、後方支援にも大いに役立つことが期待される。

多国間の相互運用性や後方支援、また、市場開拓という新たな展開に期待されるのが、この世界的なカタログ制度なのだ。

自衛官の再就職問題と防衛産業支援策の強化

防衛産業危機が話題になる危うさ

このところ、様々なメディアで、日本の防衛産業の危機を取り上げているのを見かけるようになった。「経済安全保障」の必要性が声高に叫ばれ、現時点で法案の準備が進められていることもあり、防衛産業の問題と絡めて識者のコメントが紹介されることも多い。

本来であれば、この話が多くの人々の間で共有されることは望ましいはずであるが、全く安心できないというのが本音だ。

それは、そのほとんどの論調が「急いでわが国の残すべき技術を見極める必要」を説いているからだ。

もちろん「残すべき技術を見極める」ことは大切な作業であることに異論はない。しかし、それだけでは国の防衛はできないことはこれまでも書いてきた。

「防衛産業は第四の自衛隊（陸海空の自衛隊＋防衛産業）」であるという名言（？）を作ったのは、何をかくそう、私だが（「陸海空＆内局（背広組）＋防衛産業」と考えれば「第五の自衛隊」と言った方が適切かもしれない）、そうした防衛産業の真の位置付けをご存じないからこそ「残すべき技術」論でいいと思ってしまうのではないだろうか。

つまり「残すべき技術を選別する」というのは「陸・海・空・防衛産業」で構成される自衛隊の一部を切って捨てることであり、自衛隊ファミリーの妹や弟を「間引き」することを意味すると言っていい。

国として考え尽した末「間引き」やむなしと結論付けたのなら、もはや仕方がないことだろう。しかし、誰一人としてこうした率直な言い方はせずに、いかにも他国より優位性のある防衛技術に重点投資すれば「防衛産業は生き返る」かのような表現に終始しているのは誤魔化しではないだろうか。非常に気になっている。

成長戦略に位置付けられた経済安全保障

いらない防衛産業には退場してもらう。

もしそのような意図ならば、一つの装備品に数千社が連なる関連企業の保護政策も欠かせないはずであるが、そうした検討がされているとは聞いたことがない。

耳障りのいいキャッチフレーズになってしまうのには理由がある。その大きな一つは、そもそも今の岸田政権が経済安全保障を「成長戦略」の柱の一つと位置付けていることが考えられる。

米国では経済安全保障は国防総省主導で考えられているようだが、わが国では防衛省が主導するわけではない。防衛産業に関する施策もどうしてもその一環として捉えられてしまうようだ。

このような表現でないと、経済界のインセンティブが働かないのかもしれないが、このことが多くの人の認識を複雑にしてしまっているのではないだろうか。

何もかも残せるわけがない、国産には粗悪品もあり軍事力強化のためには致し方ないというのは、可能性の芽を完全に摘んでしまうことの危うさを無視した議論である。

また、防衛力の一員である防衛産業の重要性は考慮されていないものだ。

言うのが憚れる問題がある

実は、防衛産業関連であまり書きたくないことがある。それは再就職、則ち自衛隊で言うところの「就職援護」についてだ。しかし、この問題を避けては通れないと思い、あえて記しておきたい。

二〇二〇年（令和二年）七月、陸上幕僚監部の募集・援護課が退官予定の将官に関する情報を企業に渡していたとして、歴代の課長など関係者が軒並み処分される事案があった。当時の河野防衛大臣は「あってはならないこと」と厳しく断罪した。

自衛官は若年定年制で、階級によって定年の年齢が異なる。士や士長は任期制で、2曹3曹は五四歳、1曹～1尉は五五歳、2佐3佐は五六歳、1佐は五七歳となっている。そのため、防衛省には「就職援護」という部署があり、再就職の依頼ができるようになっている。しかし、将や将補といった将官になると六〇歳定年となり一般職国家公務員と同じ扱いになることが二〇一五年（平成二十七年）の自衛隊法改正で定められたため、再就職のあっせんが禁止されているのだ。

「天下り」が社会問題となったためにこのような規定をしたのだと思うが、退官した将官が「失業者」状態になってしまうことを国民が本当に望んでいるのだろうか。

退官の直前に自然災害が起きる、国防に関わる何らかの事態が起きる、そんなこと

陸上自衛隊員の退官式（写真：陸上自衛隊）

があり得るかもしれず、その時に隊員を率いるトップが再就職のことで忙しいなどということがあっていいはずがない。だからこそ、任務に全力で集中できるように「あとは任せて下さい」という思いで担当者は本人の代理として動いていたのであり、その担当者たちが詰め腹を切らされたことは国防上大きな損失と言っていいのではないだろうか。

自衛隊で昇任してもいいことがない

防衛省はこの事案について「新たに導入された規制などについて、周知や教育が徹底されず、『退官後の再就職先を組織として確保する』という意識から脱却できなかった」とコメントしているが、脱却できなかったというよりも、階級に関わらずあらゆる自衛官が何の心配もなく目の前の職務に当たれるよう助けることが、組織のあるべき姿だと信じて疑わなかったのだろう。

自衛隊は服務の宣誓で「事に臨んでは危険を顧みず、身を以て責務の完遂に務め……」と誓っている。国としてこの人たちに最低限の礼儀がなければ、誰もこの仕事に就かなくなり、国も守れなくなってしまう。

近年、盛んに自衛官の募集が大変だといい、それは少子高齢化のせいなどと言われるが、自らの隊員を守ろうとしない組織である限り、わが子を送り出したくないと親が考えるのは当たり前だ。自衛隊が「人に冷たい組織」であっていいはずはない。

また、頑張って幹部になったり将官にまで昇任をしても、退官した翌日にハローワークに行くような実態では、キャリアアップに何も魅力を感じなくなるだろう。

防衛産業への再就職がそんなにいけないことなら、恩給制度を復活させて退官後の生活を国費で支えるべきだろう。それもない中で放り出されたら一体どのように生活するのか。これは翻って、これまで自衛隊ＯＢやその家族についての面倒を民間企業に丸投げしていたとも言え、その代わりを国が担えるのか、そして国民の理解を得られるのかが試されることになる。

中には器用で社交的な退官自衛官もいて、自ら退官後の仕事を開拓したり、企業や機関などからお呼びがかかる人も存在するため、他の自衛官も現役時代から何らかの勉強をしたり資格を取ったりすればいいという考え方もある。

確かに自衛隊という限られた世界しか知らないで数十年を過ごしても、いずれは世間に出るのだから現役のうちに社会性を身に付けておくことは有益だとは思うが、全ての人がそんなに器用にはできない。

大企業の顧問になってただ座っていればいいという退官後の姿がいいとは決して思わないが、国のために尽くした人を一人残らず見捨てない強い意志があってこその国防であると肝に銘じなければならない。

FMS増加の影響も

米国からの装備品導入が増えたことも大きく関係している。国内調達が減り、企業が防衛事業から撤退することは、再就職先を失うことも意味しているのだ。これをして「購入の見返りに天下り」などと表現する向きがあるが、前述したように、恩給制度のない日本においては防衛産業に肩代わりしてもらうしかなかったとも言えるのだ。

米国などでは、退役軍人が軍需産業に入って開発の助言をしたり、軍と会社の橋渡しをするのは当たり前のことだ。長年の知見を活かせる適切な姿であり、全く違う仕事に就くよりよほど国や国民への恩返しとなるだろう。

しかし、自社と取り引きがないのに人を引き取ることができないのは当然で、FMSでの装備品購入が増えたことで受注がなくなり、自衛官の再就職を受け入れられなくなった企業が相次いでいる。

そのため、じわじわと影響が出始めているようだ。退官した将官が再就職先が見つからないまま一年以上経っているとか、従来は1佐を採用していたところに将官が入るようになったため在籍していた1佐のOBを追い出す形になり、1佐OBが2佐OBの就職先を、2佐が3佐……と悪しき連鎖が続く。

当然、買い手市場になるので、相対的に低い給与に甘んじざるを得ない。繰り返しになるが、これで「自衛隊の募集が大変だ」と言われても、救いようがない思いになる。こんなことを書くこと自体、自衛官募集に影響するのではないかと案じつつも、本書では「防衛基盤」について隈なく書こうと考えているので、どうかお許しいただきたい。

とにかく、就職援護という側面を取ってみても、この国は残念ながら「基盤力」を軽視していると言わざるを得ず、三六五日二四時間を捧げて奉仕することの価値が軽んじられているのだ。

軍の意志決定はそんなに簡単ではない

ところで、以前に国内防衛産業と調達に関わる自衛隊部署との関係が自衛隊内で問題視されたことを書いたが、そもそも防衛力整備とは一部の自衛官が決められるようなものではない。さらに言えば、装備関係部署にいる自衛官が装備調達の最終決定することはない。自衛隊の意志決定は非常に煩雑で、そんなに簡単なものではないのである。

防衛産業を語る上で、この就職援護との関係はこれまでアンタッチャブルのような空気があったが、今こそ正面からこの問題を取り上げ、退官自衛官の第二の人生問題をどうするのか答えを出してもらいたいと思う。

誕生日に退官する自衛隊では、常にどこかの部隊で退官式が行なわれているといっていい。年に八〇〇〇人近くが制服を脱ぎ、社会に出て行く。その人たちと家族が憂いなくその後も暮らせるようにすることは国の責務にほかならない。

防衛産業支援策の強化を目指して

二〇二一年（令和三年）最後の岸防衛大臣閣議後会見では「防衛産業支援策の強

化」について大臣自ら説明があった。その部分は以下の通り。

「厳しさを増す安全保障環境や技術革新の急速な進展等の状況を踏まえれば、わが国の防衛を全うするためには、防衛産業・技術基盤の維持・強化への重点的な取組が必要不可欠であります。

特に、防衛産業は、自衛隊のオペレーションに不可欠な装備品の研究開発・生産・維持整備を担っているわが国の防衛力の一部であり、基盤強化が急務であります。防衛省は、来年、防衛装備庁装備政策課に『防衛産業政策室（仮称）』を新設し、防衛産業支援などの中核的機能を果たします。

さらに、二〇二二年（令和四年）度予算案において、防衛産業のサイバーセキュリティ向上や製造工程の効率化、米軍調達への参入などを促進していくための防衛産業支援に関する事業経費三二億円を確保したところであります。

NATOが主催するサイバー防衛演習に参加する隊員（写真：防衛省）

こうした経費を本格的に予算に計上したことは、今回初めてであり、非常に意義のあることだと考えております」

ということで「防衛力の一部」という位置づけを明確にしている。しかし、このように防衛大臣会見で述べられているにも関わらず、新聞報道などでは「選択と集中が急務だ」などの結論になってしまうのはなぜなのだろう。

防衛力における「選択と集中」の危うさ

「自前で残す技術の選択と集中が大事となる」と、二〇二二年（令和四年）一月九日の日経新聞一面では『日本の防衛産業　土俵際』と題し、大々的に報じられた。

最新装備は海外から導入して、米国などが一目置く技術に集中投資するべきだとしているが、では、その「一目置かれる技術」とは何か？　それを誰が決めるのか？ということまでは言及されていない。

日経新聞のみならず、多くの報道に同様の見解が見られるが、いずれも成長戦略や産業政策の概念の枠内で思考しているようであり、防衛政策として語られるのは危ういものがある。

「一目置かれる技術」を見極めることは大事だが、もし今そのような技術があったとしても、それは将来もそうあり続けるのか、あるいは、今は認められていなくても、将来的に「ゲームチェンジャー」になるかもしれないものもあるだろう。一体、誰が適正な判断をできるのかという問題がある。

安全保障環境は変化を繰り返しており、今はあまり必要がないと考えられている装備が、何年か経って国防上重要なアイテムになることだってあり得る。マスクが重要物資になると数年前には誰も思っていなかったことを私たちは実際に経験している。

そして、防衛力における「選択と集中」の究極の危うさは、これを言い始めれば、冷戦後に防衛力の必要性に対する認識が低下したように、目に見える脅威の認識がなければ防衛も抑止も最低限でいい、あるいはなくてもいいといったことになりかねないということだ。

ミサイル防衛だけでいいのではないかとか、サイバー対処さえあればいいとか、そんな暴論を誘発するきっかけを作ってしまう危険性も含んでいる。

あらゆる可能性や最悪事態に備え、平時に準備しておくのが「国防」なのであり、そのためには「ムダ」と言われても「非効率」と言われても、どうにかして多様性を確保しておかねばならないのだ。

泥縄式の防衛政策からの脱却

危なすぎる防衛論

二〇二二年（令和四年）は新たな国家安全保障戦略、防衛計画の大綱、中期防衛力整備計画の策定を控えことのほか重要な年である。

これらの内容を適切なものにしなければならないことは言を俟たないが、逆に早合点や思い込みで進めれば大きく道を誤ることになる。もし、そのような内容になってしまうなら触らないで欲しいという思いで見ている。

なぜ、このように案じているのかと言うと、間近に迫った重要方針の決定を見据えてだと思われる様々な見解が噴出しており、その多くが「縮み思考」だと言わざるを得ないからだ。

いやそんなことはないだろうと言われるかもしれない。今や「宇宙・サイバー・電磁波」の「ウサデン」が新領域として加わり、防衛力の範囲は縮むどころか広がっているではないかと。

しかし、これら新領域やミサイル防衛などが大事になっているからということで、他のものを節約して費用を捻出しなければならないといった考え方が依然として多い。

これは結局、開拓すべき範囲を広げているように見えて、その実は、厳しい財政の中では何もかもに資源投入することはできないという「縮み思考」を強めているように見えるのだ。

高齢化で自衛隊を減らす？

最近、気になっているのは「日本の人口が減るから自衛隊も減る」という論説だ。確かに、人口減少は死活的に深刻な問題であり、これに対する一層の経済対策が待たれるところだ。

河合雅司氏の『未来の年表　人口減少日本でこれから起きること』（講談社現代新書）によれば、約一億二七〇〇万人の日本の人口は五〇年で三分の二に、一〇〇年後には半減するという。

しかし、そのために「自衛隊も減る」という理屈はどうしても腑に落ちない。中でも陸海空自衛隊で最も人員が多い陸上自衛隊の数を減らすべきと言われることがある。

このような見解が出てくることそのものが、国の弱さを露呈しているように思えてならない。

なぜ、防衛力を強化しようとしている中で「減らす」という発想が出てくるのか？あまりにもあべこべな思考に虚しさを感じてしまう。

柔軟化した採用枠

一方で、自衛隊への入隊資格を持つ一八歳～二六歳の人口がついに一〇〇〇万人を下回った事実にも目を向けなくてはならない。

自衛隊では採用年齢を二六歳から三二歳に引き上げるなど、何とかして人員を確保しようという様々な努力をし、また、女性の割合をこれまでの約四・九％から増加させ、二〇三〇年（令和十二年）までに九％以上を目指す計画だ。

米軍などが女性の割合が一五％ほどだというので、約一〇年後と言わずもっと早くできないのかとも言われるが、インフラ整備など受け入れ態勢が整わない中で急激に増やすことは難しい。

陸上自衛隊・観閲式にて行進する女性自衛官（写真：陸上自衛隊）

現時点ですでに、女性新隊員の教育現場では毎朝トイレや洗面所に長蛇の列ができ、居住スペースも足りず、かなり気の毒な環境になっていると聞く。設備が追いついていない中でいくら「増やせ増やせ」ということで入ってもらっても、悪環境に嫌気がさして辞めてしまう人が続出などという事態になりかねない。整備の加速化が必要だ。

これまでは、女性の割合が少なく設定されていたために、男性よりも成績優秀でも入隊を諦めてもらわざるを得ないケースが多々あった。今後は、男女に関わらず、成績上位者から採用していく方式がとられることになるだろう（ただ、そうすると女性隊員ばかりになってしまいかねないという悩みがあるようだが）。

それにしても、最近声高に言われている「募集が厳しい」というのは、何を意味しているのだろう。

制度の問題が多いのではないか

このように見れば、女性の応募はそれなりにあり、しかもこれまで採用枠が決まっていたがために優秀なのに不採用になってしまっていた人たちも入れるようになってきている。そして、男性隊員の応募も決して少ないわけではない。採用年齢も引き上げた。

そもそも地方ごとに採用数の枠が決まっていて、応募の多い県では優秀な人でも落ちてしまうなど、制度の硬直化も問題があったとも言われ、方法の抜本的な見直しの必要性が出てきていると言えそうだ。

そして、なかなか表には出てこない問題が「数」の問題もさることながら「質の低下」ではないだろうか。応募する人のレベルが下がり、合格ラインを下げることになれば、当然のことながら将来の自衛隊そのものの質の低下を招くことになる。

それにしても、若年人口が一〇〇〇万人を割るという現状は深刻な問題ではあるが、毎年、一万人ほどの自衛官を確保することがそんなに困難なのだろうか。

多くの人が「人口が減る」だから「自衛隊も減る」と言い、そのために陸海空自衛隊の割合を変えたほうがいい、特に陸上自衛隊を減らすべきであるとか、無人化を進めるべきだなどと主張されているが、本当にそうなのだろうか。

自衛隊に入ることにメリットがあれば、もっと応募する人が増え、しかも優秀な人材が集まるのではないだろうか。

肝心なことを「差し置いて」の議論

なぜかこの議論には「自衛隊の処遇を上げよう」という提案が聞こえてこない。それは到底ムリだから、自衛隊そのものを縮小しなくてはならないということになっている。

そして、人口に比例して小さくすべきは、最も人が多い陸上自衛隊だという。「防衛力強化」を公言し進めんとする日本の立場からすれば、人員を強化するのが当然だと思うが、そうした中でわざわざ薄く小さくしようという発想が出てくること自体が不思議に思う。あまりにも縮み思考ではないだろうか。

まして、今や「統合運用」の時代であり、宇宙やサイバーなど新領域も含め全体的な人員増が不可欠だ。統合運用を進化させる検討の中で、陸海空自衛隊が最後の最後で出した結論なら致し方ないかもしれないが、外野の人たちが言うのは解せない。

自衛隊が職種を超え、力を合わせて平和を作り出すよりも、敵対させ分断させようとする意志が働いているのではないかという疑いさえ持ってしまう。

装備調達にも直結する

防衛産業に関するページなのに、なぜ長々と「人」に関する問題を書いているのかと思われるかもしれないが、言うまでもなくこれは装備調達にも関わってくるのである。

人がいなくなれば、装備調達も減る。防衛生産・技術基盤の維持はますます困難な時代に突入するのだ。

そして、特に陸上火力といったものが、あたかも時代遅れであるかのように言われ、ますます削減圧力がかかることが予想される。

新しい国家安全保障戦略や防衛大綱等が策定されようとしている今、この時代には、いわゆる「敵基地攻撃能力」と言われるミサイル阻止能力を向上させることや、新領域への注力が重要課題であることは言を俟たないが、そこに心奪われて国の防衛の「いろは」を忘れることがあってはならない。

安全保障の専門家で数々の論文を発表している阿部剛士さんは、かねてより「最低限の『防衛生産技術基盤』を維持することを防衛力整備よりも優先するといった内容を明記した上で新しい防衛大綱を策定する」ことを提案している。

シーウルフ級原潜の3番艦である「ジミー・カーター」(写真：米海軍)

この阿部さんの論文「防衛力整備の変遷と防衛生産技術基盤を維持するための一提言」が日本防衛装備工業会刊行の「月刊ＪＡＤＩ」に最初に発表された二〇一六年（平成二十八年）当初は、私自身もそのようなことは世の中にも受け入れられず、壁が高いのではないかと思ったが、やはりこれくらいの大ナタを振るわないと改善は見込まれないことが分かってきた。

同論文によれば「所要防衛力よりも最低限の防衛生産技術基盤を優先するのは別に珍しい話ではない」として、米国では冷戦終結で高価で高性能なシーウルフ級原子力潜水艦が二隻で建造打ち切りとなったが、後継の潜水艦建造までのつなぎとして米国内の潜水艦建造基盤能力を維持するために三隻目の建造が行なわれたケースが紹介されている。

「選択と集中」は防衛力を危機に晒す

この原稿を書いている今（二〇二二年〈令和四年〉春）、ロシアのウクライナへの侵攻が明日にでも始まるのではないかと連日で伝えられているところだ。

ニュースで流れる映像を目にして気付かされるのは、これだけハイブリッド戦と言われる中でも、私たちが目にしているのは国境付近と言われる場所に集結する戦車などの陸上火力ばかりであるということだ。

そんな写真はないのかもしれないが、兵士がパソコンの前でサイバー攻撃を仕掛ける姿を見ても怖くも何ともない。やはり、戦争の本質は陸上兵力であることを痛感させられる。

冷戦後、多くの国が陸上兵力を縮小し、ロシアも例外ではないが、元々の規模が大きく、実際には減らしても一定の基準を維持していることに留意すべきではないだろうか。

また、最近、米海兵隊が一〇年以内に戦車大隊を廃止して歩兵と砲兵部隊を削減すると発表したことから、日本でも陸上自衛隊は対艦ミサイルや無人機等に重点を置くようにすべきだなどの声があるようだが、これも早合点はいけない。

米軍が従来の戦車などの火力を減らすのはあくまでも海兵隊であり陸軍ではない。当然のことながら陸軍には必要な装備・人員を持っている。対艦ミサイルや無人機が陸上自衛隊にもっと必要であることはその通りだが、それらを導入するのと引き換えに火力を減らすわけにはいかないということを、関係者は自信を持って主張しなければならない。こうした主張は理解を得るのが極めて困難であり、孤独との戦いにもなると思うが、ブレない信念が求められる。

画期的な「防衛力加速化パッケージ」

ところで、二〇二二年（令和四年）度の防衛予算要求は非常に画期的なものだったが、その評価されるべき点については、あまり大きく取り上げられず、いつものように「GDP比1％」を超えたかどうかという言葉だけが躍った。そもそも日本はすでに「防衛力の強化」を公言しており、防衛費の増加は既定路線ではないだろうか。逆に、これをしなければ、首相自ら世界に向けて嘘を言ったことになる。

「GDP比2％」いやそれ以上を目指せと世論を盛り上げることは、同盟国へ本気度を示すためにも必要なことかもしれないが（特にトランプ時代は）、あえて大々的な打ち上げ花火を上げずに、むしろ淡々と進めるべきと私は思っている。

もちろん、国民が賛同して反対派や野党などから何の障害もなくGDP比を上げられることが理想であるが、今、日本が直面している様々な危機はそのプロセスを待ってはくれない。それほどに可及的速やかな対処が必要な状況に追い詰められているのだ。

今回の予算は「防衛力加速化パッケージ」とネーミングされ、「一六カ月予算」として編成された。二〇二一年（令和三年）度補正予算と一体化して編成されているものだ。特に評価されるべきは、後払いの分（五年や一〇年のローン払い）が、いくらか前倒しで支払われることとなり、企業の負担分を軽減させたことだ。

これまで、企業に対する支払いは何年かに分割し、後で行なわれており、プライム企業は下請企業に先に支払いをするために銀行から融資を受けて行なっていた。しかし、今般の新型コロナの影響で、航空業界をはじめ多くの製造業が業績不振に陥り、こうした余力がなくなっていたのだ。

二〇二一年（令和三年）度補正予算案は「新型コロナ禍で疲弊した国民生活を立て直す経済対策」とされたが、その趣旨に見合っていると言えるだろう。

泥縄式では間に合わない

一方で、気づかされるのは、繰り返し述べてきたように、民生部門で利益を上げているからこそ防衛事業を継続することができている企業が多いことから、コロナのような突発的な事象によって、これらの企業の防衛事業からの撤退はいつでもあり得るということだ。

また、防衛省は納期遅延についても厳格で、大雪で納入が遅れたなど天候が理由であっても「天気は予想し得る」として数億円の違約金支払いを命じられた話も聞く。下請企業が火災に見舞われ間に合わなかったというケースもあったが、情状酌量の余地はなかった。

コロナの影響でも、世界的に半導体の供給不足に陥る中、これが原因による納期遅延や部品確保のための予定外のコスト増などが考えられる。そうしたことへの配慮が早急に求められるところだ。

先んじて手を打たなければ、気づいた時には防衛産業の大量撤退などということもあり得る。ドロボウを見て縄をなうようなことでは追い付かない。今回の補正予算ではそうしたことを防ぐことにもなったと思われ、そこが最も特徴的だったと思う。

防衛産業に及んでいる様々な影響はこれだけではない。これまでの一部で危機感を持たれながら手つかずになっているのは「株主」についてだ。

二〇一九年(令和元年)、新明和工業の株式二三・七四%を村上ファンド系などが取得した。村上ファンドといえば「物言う株主」として有名で、その後、新明和が四〇〇億の自社株買いを実施し事なきを得たが、こうした株の買い取りは今後も起こり得るかもしれず、防衛産業を守るための対策は待ったなしになっているのである。

ロシア・ウクライナ戦争から見る日本の安全保障

ロシアのウクライナ侵攻という衝撃（二〇二二年〈令和四年〉二月二十四日）

プーチン大統領がこのようなやり方をするとは思っていなかった。「兄弟国」だと言うウクライナの人々を無残に殺害することで「兄弟国」に戻れるはずがない。厳しい経済制裁で追い詰められ、世界からの孤立を余儀なくされる中でどのように国の運営をしていくのか、理解に苦しむばかりだ。

しかし、今回のことで私たちは確信することになった。人間は間違える生き物である、ということを。それがゆえに、いくら「相手国の立場になって考えてみる」ことをしても、その相手が間違えていれば、その想像力は無意味だということなのだ。そのことを改めて教えられた。

また、ロシアの過去の所業を考えれば、侵攻そのものは全くあり得ることだった。二〇〇八年（平成二十年）にはジョージア（グルジア）との軍事衝突が発生、同地を占領した。二〇一四年（平成二十六年）にクリミアを侵攻したことは記憶に新しい。いずれも「住民保護」の名目で強行した。一九九四年（平成六年）にはチェチェンの独立を阻止するために二回の戦争を実施。約五万人の民間人が犠牲になったと言われ、二〇一五年（平成二十七年）に軍事介入したシリア内戦でも民間人を情け容赦なく殺害している。

失われた記憶

しかし問題は、これらの数々の残虐な行為を私たちが忘れてしまいがちだということではないだろうか。また、日本国内においてはこれまでロシアに関する報道は少なく、こうした事案についてはよく知られていなかったこともあるだろう。

かつては、ソ連による抑留経験者が多く存在していたことや、終戦間際にソ連兵に凌辱された経験談がごく身近にあったが、昨今はそうした歴史を知る人が少なくなってきている。ちょっと前まで、会社の社長でも近所のおばあちゃんでも、ソ連は信じてはいけないということを誰でも知っていた。

しかし、その感覚はいつの間にか忘れられ、また、報道というものは入って来る情報を出すだけであって、知り得る情報は限られている。私たちはあたかも世界中の出来事を知っているような気になっているが、実際は限られた情報しか見聞きしていないということも改めて痛感している。

言葉に尽くせぬような人権蹂躙や民族弾圧が行なわれていても、情報がなければニュースにはならないため知る由もない。それでいつの間にかロシアは日本の経済的パートナー国として大きな存在となり、それを私たちは許容し、欧州はロシアへのエネルギー依存を高めてきた。

このことは、人は忘れる生き物であるということを象徴しているように思う。まさに人は間違え、また忘却するものなのだ。プーチンにとってみれば、今どんなに非難の的になっても、いずれは忘れられるものと、たかをくくっているのかもしれない。

背中を押した要因

よく世間で言われるのが「相互依存」の経済関係があるからその国とは戦争なんて起きないという話だ。しかし、先の大戦に突入した時、わが国の最大の石油輸入は米国からであったように、それでも戦争は起こる。

攻撃を受けるウクライナ市街地（写真：ウクライナ国防省）

ロシアのウクライナ侵攻の背中を押してしまったのは、米軍のアフガン撤退における混乱、シリアでの化学兵器使用に対し軍事介入がなかったこと、クリミア半島編入についての甘い制裁、などがあると分析されている。

一九三〇年代にさかのぼれば、チェコスロバキアのズデーデンにドイツが侵攻するのではないかというその時、英チェンバレン首相は一貫して「不介入」を公言した。現在のバイデン大統領に重なってしまう。

当時ヒトラーはこの英国の厭戦気分に乗じ、戦機到来と判断したとされる。そして第二次世界大戦に突入した。

大国のリーダーは策士でなければならず、個人の持つ信仰、信条、気分に支配されれば悲惨な結末を呼ぶという冷酷な現実を思い知らされる。

抵抗か投降か

日本国内では圧倒的劣勢にしてロシア軍を押し返しているウクライナの人々の姿勢に多くの人が共感し、また日々増え続けている犠牲者に非常に心を痛めているが、一方で、ゼレンスキー首相に対し「諦めるべき」「これ以上被害を広げないほうがいい」といった批判的な見方をする向きもあるようだ。

「ロシアは悪」で「ウクライナは善」といった単純明快な構図が国際政治において決して一〇〇％正しいとは私も思わない。しかし、一つだけ言えるのは、国が占領されるということはどういうことか、そのことに対する想像力が日本人には十分ではないということだ。

仮に国を明け渡しても、まるで昨日までと何も変わらない暮らしがあると言わんばかりの論調も散見される。婦女子は拉致されて凌辱され、仕事も学校もサークルも許されず、歴史も伝統も破壊され、大切にしてきたあらゆることを奪われたなら？　その時に初めて国を失うことのあまりにも深い悲しみと憤りに気付くのだろうか。

先の大戦に破れた日本にも占領下の屈辱の記憶がある。ただし、実際のところ、わが国は非常に尊重され、その後、独立を果たすことができた。そして今、日米同盟を基軸にロシア、中国、北朝鮮という事実上三正面の独裁国家に囲まれる中においても侵攻されることもなく、経済的な繁栄を遂げてきた。

これは、米国にとってわが国がインド太平洋地域への玄関に位置し、世界の海に展開するための重要拠点であるという地政学的要因が大きいことは言うまでもない。しかし、それだけではない。

やはり、先の大戦で死力を尽くした先人たちの遺したものなのだということを、ウクライナの必死の抗戦を見て改めて感じている。

矢弾尽き、手や足を失い、生死をさ迷う将兵たちが鬼神の如き反撃をくり返し、死んだと思った兵士が這い上がり手榴弾を投げる、そんな見たこともない精神力が敵兵を追い詰めた。硫黄島、沖縄まで迫っても特攻を厭わず戦い続けるその姿は米国を圧倒し、気力を萎えさせた。

そして皇室の存在があった。一九四五年（昭和二十年）九月二七日の昭和天皇とダグラス・マッカーサーとの会見はあまりにも有名だ。陛下が命乞いをするのではないかと考えていたマッカーサーが受けた衝撃は『マッカーサー回顧録』に綴られている。

「ところが、天皇の口から語られた言葉は、『私は、国民が戦争遂行にあたって行なったすべての決定と行動に対する全責任を負う者として、私自身をあなたの代表する諸国の裁決にゆだねるためお訪ねした』というものだった」と。

マッカーサーは「私の知る限り、明らかに天皇に帰すべきでない責任を、進んで引き受けようとする態度に私は激しい感動をおぼえた。私は大きい感動にゆすぶられた。私は、すぐ前にいる天皇が、一人の人間としても日本で最高の紳士であると思った。この勇気に満ちた態度は、私の骨の髄までもゆり動かした」と語っている。

私たちが戦後、謳歌した平和とは、こうした、無私の精神で最後まで国や国民を守る意志を失わなかった先人たち、そして国民の苦しみはわが事と引き受け、ひたすら平和な世界を祈られている天皇陛下によって作り出された。そのことに、私は今改めて思い致し、ウクライナの人々の奮闘に涙を禁じ得ない。

武器供与が支える戦闘

ウクライナが日本を含めた国々に今一番求めているのは装備の提供だ。ウクライナ側が圧倒的に劣勢だと言われながら強く抵抗できているのは、ウクライナの人々の士気の高さと持っている装備が鍵になっている。

ロシアは戦闘開始直後自国に保有する戦闘機を活用しておらず、その点が疑問視さ

ウクライナ陸軍に米国製対戦車ミサイル「ジャベリン」が、西側諸国から多数の供与された（写真：ウクライナ国防省）

れているが、このように空軍の動きが低調なのは、ウクライナ側が対空ミサイルＳ３００を持っていることが大きいようだ。

また、携帯型対空ミサイル「スティンガー」や対戦車・対空携帯ミサイル「ジャベリン」が効力を発揮している。武器輸出への制約が厳格だったドイツは、当初ヘルメットの供与にとどめていたため顰蹙を買ったが、その後、ロシアの民間人への攻撃激化に伴い一転して「スティンガー」などの供与を決めた。

ウクライナ国内では「ジャベリン」を持った聖母マリア様の絵がＳＮＳなどから拡散されていて「ジャベリン」は「Ｓｔジャベリン」つまり「聖ジャベリン」と呼ばれ象徴的な存在になっているという。

装備の存在は抑止力として働く。ロシア空軍の動きが低調なのは、まさに装備の持つ抑止効果によるものと言っていい。「戦争を防ぐための装備」という考え方が目の前で証明されていることになる。

自衛隊の防護衣・鉄帽がウクライナへ

こうした中、二〇二二年（令和四年）三月わが国は防弾チョッキ、ヘルメット、防寒服、天幕、衛生物品、非常用糧食、発電機などを提供することになった。これは日本におけるいわゆる「武器輸出」になる。

二〇一四年（平成二十六年）にこれまでの「武器輸出三原則」が改正され新たな「装備移転三原則」ができ、事実上の禁輸政策を転換したこと、そしてその後、フィリピンへの航空機供与など実績を作ってきたことが今回の緊急的な供与をスムーズに運ばせたことが考えられ、関係者が積み重ねてきた努力の意味の大きさを感じている。

この三原則や自衛隊法により、わが国は依然、殺傷能力があると判断される武器を輸出することはできないが、何から何まで事実上禁止されていた以前に比べるとかなり環境が変わっていた。

因みに、三原則では「紛争当事国」への移転を禁じているが、この規定で定めるのは「国連安全保障理事会の措置対象国」だということで、今回のウクライナは該当しないと判断された。

ただ、三原則には「運用指針」があり、これが問題にならないか案じられた。かねてからこの縛りが多いことが輸出促進に繋がらない点や、外為法は大きく変更されていないため、三原則は新しくなっても、結局、装備移転の実情はあまり変わらない、アクセルとブレーキを同時にかけているという指摘があったのだ。

今回は運用指針にある相手国に関する規定「米国を始め我が国との間で安全保障面での協力関係がある諸国」が今回のケースに該当しなかったものの、急きょ「国際法違反の侵略を受けているウクライナ」という項目を付け加えたようだ。やればできるのだ。やはり、政治的な意志次第でいかようにもなることが多いと感じさせられた。

さらに望めば「ウクライナ」と国を限定せずに「国際法違反の侵略を受けた国や地域」に広げておくことも検討していいのではないだろうか。

今から急いですべきこと

今回もウクライナの特例が加えられたまでで、指針そのものが見直されたわけではない。これを機に全般的な再検討もあっていいだろう。

大事なのは、指針をどうするか、国内のリアクションはどうか、ではなく、今、この時にも生きるか死ぬかの戦火の中にいる人々にいかにして手を差し伸べるかだ。

また、防弾チョッキなどだからと言っても、やはり「トリセツ」のようなものが全くないのでは心許なく、取り急ぎなのでせめて英語かあるいはイラストなどでガイドを付けてもらえたのかどうかは気になるところだ。

装備移転において言語の問題は思いのほか大きい。そのあたりも今後の課題となる。そもそも装備の提供は一回行なえば満足という話ではなく、継続的な支援が必要であることは言うまでもない。今回は自衛隊がこれから配付する予定の需品を使ったのだと思われるが今後はどうするのかも早急に考えてもらう必要があるだろう。

そもそも自衛隊は余分な物をプールすることはできないため、余力はもうないだろうし、自衛官が使うはずだった分をどうするのか、そこまで配慮を求めたい。戦火の中にいる国に余っている物品を送るだけでいいのか、とも思う。別途ウクライナに関する予算を計上して追加製造するなどの次の方策も今から動き出すべきだろう。

また、自衛隊の北方領土への進出、とまでは言わないが、北海道において日米大演習を実施することはできないだろうか。総合火力演習を北海道で行なってもいいのではないだろうか。ロシアは極東部隊を引き抜いてウクライナ戦に投入しているといい「今」こそが、わが国の行動できる時と言える。そして、その姿を中国も必ず見ているはずだ。

それにしても、これまで「冷戦は幻だった」とか「大規模着上陸侵攻などあり得ない」とか、また「中国も沖縄までは手を出さない」として、陸上兵力などまるで無意味かのように評していた人たちは今回の事態をどう考えているのだろうか。島国日本はウクライナとは違うものの「あらゆる事態への準備」がいかに意義深いか、それをいみじくもプーチン氏に教えられている図式となった。

日本国内ではついこの前までは、戦車など陸上火力の必要性など言ったら一笑に付されていたではないか。これまで、それを訴えるどれほどの人たちが足蹴にされ、聞く耳を持ってもらえなかったか！

それを思うと、改めて、どんなに馬鹿にされても、どんなに笑われても、防衛基盤維持を怠ってはならないと強く感じる。ウクライナ、そしてロシアの平和を強く祈りながら。

「GDP比1％」という謎縛り

防衛費GDP比を巡る論争

「プーチンの戦争」とも言われているロシアによるウクライナ侵攻が二〇二二年（令和四年）の夏も続いている。「人は誤る」という不変の真理を思い知らされ、世界中が為政者も普通の人々も考え方を根本的に見直させられることになっている。

日本にとって「国家安全保障戦略」そして「防衛計画の大綱」それに伴う「中期防衛力整備計画」が策定されるというあまりにも重大な局面であっただけに、アタマの中を切り替えるにはこれ以上にない機会に直面していると言っていい。

これまで「超えてはいけない一線」であるかのように思い込まされてきた「GDP比一％」という縛りを解かなければならないことは明々白々だと思われ、また菅前首相も日本の「防衛力強化」を世界に公言したのだから既定路線になったと私は思っているが、まだこれに反対を表明している方々もいるようだ。

私は、防衛費を二%やそれ以上に上げることにもちろん異論はないが、ただし、この数字はあくまでニュースの見出しを作るためにシンボリックなものにすぎないと理解している。率直に言えば、どうでもいいとまでは言わないが、このような「一か二か、あるいは三かそれ以上か」などといったバナナの叩き売りさながらの議論をしている暇はないのではないかと思っている。そもそもすでに補正予算を含めれば一%枠などとっくに超えているのであり、超えたの超えないのと騒ぐのはパフォーマンスとしか言いようがないのではないだろうか。

NATO基準ではそもそも一%超だった！

何がパフォーマンスかというと「一%枠を超えたら軍国主義国家になる」とか、あるいは「一%枠以内なら平和主義を守っている」といったような印象操作ができあがっているようで、政治的なかけ引き材料になっている感が強いことだ。

一方で、トランプ政権の時のように、防衛費負担増を強く求められたら慌てて「これまで含まれていなかった経費を入れたら一・三%になりました」と米国に示すのだから、日本の官僚の皆さんの頭の良さを見せつけられる思いだった。

従来は「〇・九%」規模だった日本の防衛費は、PKOの分担金やコーストガード予算、旧軍人遺族への恩給費を含めたいわゆる「NATO基準」で合算すれば、すでに一%以上だったということである。

それなら、これまで繰り返されてきた「超える超えない」という大騒ぎは何だったのか。白河の関はとっくに越えていたのだ。それに、軍事予算は国によって計上する項目が異なっており、中国などの金額の信頼性の問題も考えれば、生真面目に扱って数字に振り回されてきたのかと思うとバカバカしくなってしまうのだ。

とはいえこれがGDP比二%となれば大きな転換となるだろう。ただし、NATO諸国と単純に比べるのはおかしいのではないだろうか。NATOのような集団安全保障、共同防衛という概念の国々にとって防衛費の分担割合の意味が大きいのは当然であるが、日本は置かれている事情・環境が異なるからだ。

上手かつ着実に増やす方法

言うなれば自治会の分担金のようなNATO諸国にとっての軍事費とはちょっと様相が違い、現状の日本にとっては日米同盟において日本の「意志」「やる気」を示す数字だと言うのが相応しいだろう。

補正予算などで目立たないように増やすことは米国に対する強い意志表示にならないからダメだとも言われるが、米国に対しても日本国内に対しても、この数字が半ばパフォーマンス化しているため、この際どのような増やし方でもいいのではないかと私は思っている。日米協力を強化する文脈の中に自然に防衛費増があるなら分かるが、数字だけ見ての議論をするのは本質を見誤るというものだ。

日本ではどうしても政治問題になってしまう防衛費アップ問題であることを考えれば、私はわざわざ野党やマスコミに「攻撃して下さい」と大看板を掲げることはないと思っている。

繰り返しになるが、もちろん日本の国防に対する意志を示し、日米関係をより信頼性の高いものにするためにも本来なら堂々と防衛費の大幅増を示すべきであるが、それをしたがために賛否の議論を呼び、国会を紛糾させ、挙句に政治的妥協を余儀なくされるのなら、NATO基準ならぬ「JAPAN基準」で計上方法を変えるなり、補正予算あるいは特別会計を使うなり、様々な知恵を使って実質的に増額させるほうがいいと私は思う。日本のような時間のかかる国に相応しい方法を取らないと「時間切れ」になることを私はむしろ恐れている。それくらい日本の国防は追い詰められているからだ。

欧米のコロナ対応を見ても分かるように、すでに多くの国で「マスクをしなくていい」というお達しが出ており、これを見て日本では「非常に早い」と驚いている。おそらく多くの日本人は（私も含め）、マスク着用がコロナの広がりに影響しなくなったとしても「周りの人がしているから」という理由でマスクをし続けるだろう。

「戦争」「軍拡」は日本人にとって不快な響き

コロナによって日本人がいかに周囲の人の感情を気にして、周囲の動きを見ながら行動しているかが改めて分かった。

実は、日本人にとって戦後は「戦争」「軍事」などということを口にすることだけでも「悪いこと」になっていたと言えないだろうか。だとすれば、憲法も変わらない、防衛費も低いまま変わらない理由が分かる。それは「話題にしてはいけない」ことであり、そんなことを言い出すのは周囲の空気を読まない態度だったからだ。マスクをしないで電車に乗ることと同じだったのだ。

まして況や、憲法改正や防衛費増額などという話は、戦時中に辛い経験をした世代、そして戦後教育で徹底的に「戦争は悪」と叩き込まれた世代にとって、聞こえの悪い

「不快な音」にほかならなかった。

それが日本にとって必要かどうか、と熟考されたことはなく、ただ周りがマスクをしているからはずせないという、行動心理と同じものだったのではないだろうか。

変更を迫られている日本人の道徳観

ところが、このロシアによるウクライナ侵攻が始まり、一般市民が残虐に殺害され、凌辱され、子供が拉致されるという現状が目の前でテレビに映し出され、日本人が大事にしてきた「戦争について語らない」「自衛隊について話題にしない」といった「常識」は覆された。

国民保護訓練において、避難住民の誘導を行なう陸上自衛隊（写真：防衛省）

ウクライナの人々の命懸けの抵抗を見て、戦争そのものを強く否定してきた国民にとってみれば、戦争をしなければ今日を生き、明日を迎えることができない、武器を持って戦うことによって自身や家族の生命を守っている人々を目の当たりにし、もはや戦争そのものを否定することなど無意味であると気付きながらもそれを認めたくないという、大いなるジレンマに陥っているのではないだろうか。

そして、攻めてきた敵を押し返す能力ではなく相手を怖がらせるものでなくては抑止力たりえないということもハッキリした。このことは、いわゆる「攻撃的な兵器」は持たないと誓ってきた日本人にとってモラルの矛盾に見え、これを認めることは戦後日本人の価値観をひっくり返すことにもなる実に大きなことではないか。

しかし、今まさにその価値観や道徳観を大転換する時が来たと言っていい。そしてその時が奇しくも「国家安全保障戦略」「防衛計画の大綱」策定を控えた時期に当たったということは日本にとって神がかり的な巡り合わせだと思わざるを得ない。ただ、日本人がこれで覚醒したとしてもその向こうにウクライナの人々の無数の血が流れ、平和な日常を奪われていることに本当に胸が張り裂ける思いだ。だからこそ、私たちの「気づき」はこれからも決して忘れてはならないのだ。

国民保護の痛みという課題

ウクライナでは多くの民間人が殺害され、駅に集まっていた人々がクラスター弾とみられる砲撃を受けるなど、筆舌に尽くしがたい光景が報じられている。

　こうした光景が続いている中「なぜ逃げないのか？」とよく言われる。しかし、実際に私たちも同じ境遇になったら、逃げない人も少なくないだろう。私自身も子供や動物を抱えているなら早いうちに避難を試みるかもしれないが、知らない場所への逃避行はかなりハードルが高い。

　日本では毎年、台風などの大きな災害が起きていて、その度に避難のあり方が問題になる。その問題とは「避難しない人が多い」ということだ。

　高齢の方や身体の不自由な方などは自らの意志で避難をしない場合が多い。自衛隊がヘリなどを派遣し促しても余計なお世話のようなことになってしまうのだ。よく自衛隊が孤立してしまった地域に水や食糧などを届ける様子が報じられるが、あれは避難所に行きたくないという事情によるものが少なくない。

　外から見ると、なぜ避難しないのか危ないのに！　と感じるが、やはり住み慣れた場所で乗り切れればそれの方がいいと考えるのが自然なのだ。「被害を楽観視しがち」という言い方もされるが、これはあまり適切な表現ではないと思う。どちらかというと、生き方、いや死に方の選択というべきではないだろうか。

　いずれにしても、人は逃げるのが当たり前だと判断し決めつけるのは大間違いで、本当は正面から検討しなければならない問題なのだと思う。

シェルター整備の加速化を

国民保護の問題点は数多くあるが、動きたくない人の意志をどうするのか、人間の尊厳の尊重については大きな課題であり、そう考えると、やはり地下シェルターの充実は重要だと改めて感じている。

ウクライナにおける地下シェルターの多くは旧ソ連時代に作られたもので、そもそもは西側諸国からの攻撃を想定したものだ。その数は約五〇〇〇にのぼるという。通信環境も整えられ、かつての日本の防空壕のようなものではなく、居住空間のようになっていて最近までレストランに改装されていたものもあるらしい。

一方でわが国では、全国を見回してもミサイル攻撃に耐えられる地下施設はわずか一二七八ヵ所だという。北朝鮮のミサイル実験を受け、それを機に各自治体でも模索してきたようだが、いざ避難場所を指定しようとしても、使用許可取得に至るまでの手続きが煩雑ということもあり、なかなか進まないようだ。

東京駅の地下を例に取れば、管理者が東京都や各商業施設と複雑にまたがっていて許可申請が非常に難しい。兵庫県では民間の地下施設を一時避難所に指定することに成功しているが、これには企業側の積極的な協力が大きかったようだ。

ウクライナは5000ものシェルターが整備されており、今回の戦争では大いに活用された（写真：ウクライナ国防省）

東京都で危機管理監を務めた田邉揮司良・元陸将は避難場所指定により人々への周知が期待できるため進めるべきとした上で、今後は長期的なものも含めた整備の充実を訴えている。

新しい建物を作る時に避難場所に指定できる地下設備も備えるなど具体的な施策が求められるところだ。

因みに、核シェルターの普及率は、スイスとイスラエルが一〇〇%、ノルウェー九八%、米国八二%、ロシア七八%、イギリス六七%、シンガポール五四%だという。そして日本は〇・〇二%とのこと。一万人のうち二人だけしか避難できない。これが「専守防衛」を掲げているわが国の実態だ。

抑止に失敗したらどうするか

まずは「抑止力」を高めることが最も急がれる。そのためには、これまでの「攻撃的」な装備かどうでないかといった概念を改め、相手に手出しさせない打撃力を整備しなければならない。そして一方で、抑止に失敗した場合の国民の生命を守るためのインフラ整備も同時に進めなくてはならない。このことは防衛出動下で陸上自衛隊が動く際にも大変重要なポイントになる。大量の避難民が移動しようとする中で自衛隊が行動するのは極めて困難だからだ。

国民保護については自治体の役割であるが、有事になれば自衛隊が頼られることは目に見えている、現に最近もロシアによるチェルノブイリ原発攻撃を受け、与党内でこれまで自衛隊が原発防護を担うことに反対していた人もこれを進めるべきと言い出したという。

政治も世論も、いつ急に自衛隊がやるべきと言い出すか分からない。もちろん、そのための装備を揃えたり訓練もしていないのに一朝一夕にできることではないのだが、それを理解しない向きが多すぎるのだ。

しかし、悲しいかな自衛隊は政治の道具であり、もしそのように新たな任務付与がされた場合でも全力でやり遂げねばならないのである。その時に悲惨なことにならないよう準備すべきであり、今必要性がないからと優先順位をつけたり「選択・集中」をすることは防衛力整備には許されないのである。

日本のウクライナ支援に関するアレコレ

装備品提供の舞台裏

ロシアの侵攻を受けたウクライナに対し、日本にしては迅速に装備品の提供をしたことは評価に値すると言っていいだろう（他国と比べれば自画自賛でしかないが）。

日本からの提供品は段階ごとに少しずつ項目も増え、二〇二二年（令和四年）夏時点では、防弾チョッキ、ヘルメット、防寒服、天幕、衛生物品、非常用糧食、カメラ、発電機、照明器具、ひじあて、ひざあて、寝袋、防護衣、防護マスク、ドローン、などを送っている。

戦況を左右する物品ではないとはいえ、ロシアにとっては敵国支援であり、日本はハッキリと一線を越えたことになるが、テレビでは深夜に航空自衛隊小牧市を離陸す

航空自衛隊のKC-767機内に、ウクライナ供給用の防衛装備品等を積載するシーン（写真：防衛省）

るC－2輸送機が映し出されていたのにはちょっと驚いた。確かに、災害派遣や国際緊急援助隊では隠すものはないということで積極的にSNSなどでも発信しているが、今回もそれらと同じような扱いでいいのだろうか？　今まさに戦火を交えている国への物資がどこから飛び立ちどこに届くか、そんなことを詳細に見せていいのかどうか、という疑問は覚えた。

警察には誘拐事件などで人命保護のために解禁になるまでは報道しない報道協定というのを結ぶが、今回のような場合は防衛省にも求められて当然のものではないだろうか。何事もなかったからいいが、航空自衛官のリスクについて考慮されなかったとしか思えず、少し気になっている。

運用指針の変更

今回のウクライナ支援では「装備移転三原則」の運用指針（装備品移転の目的を、救難、輸送、警戒、監視、掃海の五つに限定している）における相手国に関する規定に、新たに「国際法違反の侵略を受けているウクライナ」という項目を付け加え、供与が可能になったことはすでに触れたが、ほかにも特筆すべきことがあったので改めて記しておきたい。

まず「88式鉄帽」は民生品にも似たようなものがあるということで、今回は軍用ではないということになったという。ドローンもあくまで市場で買える民生品としての提供だ。

ドローンはその通りだと思うが「88式鉄帽」の製造現場を見たことがある私としては、むしろヘルメットが民生品扱いということの方が違和感がある。

もちろん、速やかにウクライナに送るという目的を達成するためであり、その観点で納得しているが、兵士の視点で見ればヘルメットも防弾チョッキも本来はバラバラなものではなく、個人を守る一連の装着セットのパーツと位置付けられる。現場の将兵に「これは民生品として送られてきた」なんてことは言わないだろうが、仮にそれが伝わって、そんなもので戦えと言われたらたまったものではない。戦場をナメているのか？　と思われるだろう。そうした心情にまでは配慮しないところが、残念ながらいかにも日本的だ。

自衛隊の持ち分しか渡していない

そして日本はまだウクライナに対する装備供与のための予算は計上していない。あくまでも自衛隊の余剰や不用品を渡すという方式だ。これは述べたように自衛隊の部隊に回るのを止めることになり、その分の補てんが早急に求められる。

また、ウクライナの人々に自衛隊の余った分しか渡さないという姿勢でいいのか、その点についてはなぜか二〇二二年（令和四年）夏時点では問題提起がないようだ。

そしてその場合は、今後この戦闘がさらに長期化すること可能性が言われているだけに、継続性をどのように担保するのかも国としてしっかり体制を作る必要も出てくるだろう。

現状を見ていると、バザーへの協力を求められて「何かなかったか」と、差し障りのない手持ちのものをその都度探してやり過ごしているかのように感じてしまう。

今後は新たに予算を付けて物品を新規に製造することまでして協力するのか、そこまではしないのか、もしそれをするなら生産体制をどうするのか、その先の（必要なくなった時の）保証はあるのか、そこまで考える必要があるのではないだろうか。

米国の支援体制

一方、米国ではロシアとの戦争を避けるためにも、ウクライナへの支援を増強させている。現時点でバイデン大統領は日本円で四兆円を超える予算を議会に要請し、第二次世界大戦時の法律「レンドリース法」も復活させた。

これは、連合国向け兵器供与のために一九四一年に制定されたもので、今回、ロシアの侵攻と戦うウクライナなど対外的な軍事支援の政府内手続きを簡略化させるために改訂され、上院を全会一致で通過し、下院でも圧倒的な賛成多数で可決に至った。バイデン大統領は一連の負担について「この戦争の費用は決して安くない。だが、軍事侵攻に屈すればもっと高い代償を払うことになる」と述べている。

米国による装備供与は二〇二二年二月のロシアによる侵攻が始まってからではなく、二〇一八年以降続けられており、携行型対戦車ミサイル「ジャベリン」を約七〇〇〇基、地対空ミサイル「スティンガー」約一四〇〇基、自爆可能なドローンの「スイッチブレード」約七〇〇機、そのほかりゅう弾砲やヘリ、輸送用車両など多くを提供していたという。

最低限しか保有しない自衛隊とは違い備蓄分があるとはいえ、ウクライナに供与した総数は二〇二二年夏時点で米陸軍の備蓄の三分の一以上にすでに達していると言われている。そのため、自衛隊と違って（これは嫌味として声高に言いたい）米軍に必要な分の早急な補充をしようとしており、生産ラインは悲鳴を上げているそうだ。「ジャベリン」はロッキード・マーチンとレイセオン・テクノロジーズが共同で製造しているということで、両社の現場は米軍用とそれに加え他国からすでに受注している分も遅滞なく収めるためにフル稼働を求められている。

ここにもサプライチェーンの問題が

しかし、こうした増産は製造業にとっては「特需でいいね」などと言われるような単純な話ではない。物作りは計画に基づいて行なわれるものであり、急に人員を増やしたり部品を調達することは容易にできないのである。

英「エコノミスト」紙ではこの状況について「戦争が起きれば軍需物資がいかに消耗されるか過小評価されがち」だと問題提起している。米国でもこのように指摘されるのだから、況や日本など全く「消耗」という観点はないと言っていいだろう。ウクライナへの物資供与も何か送れば大きな仕事を果たしたかのように感じているかもしれないが、送った物資はあっという間に消費され、もうすでに足りなくなっているかもしれないのだ。

また、同紙では平時が長く続いたために防衛各社が、いざという時に増産できる強靭さよりも効率性を優先してきたことも問題点として指摘している。米国にとって「平時が長く続いた」のかどうかは若干疑問の余地もあるような気がするが、ともあれ、よく言われる「有事になったら増産させればいい」などというのは、まさに「暴言」だということが改めて明白になったと言えるだろう。

自衛隊には今でも、有事になれば防衛産業がどんどん増産するだろう、またその能力を持っておくのは当たり前くらいに考えている人がいるようで、このことがむしろ大きな問題だ。サプライチェーンのあり方は現在、国をあげて向き合っている問題であり、当然、防衛装備品も全く同じだ。私たちはコロナとこのウクライナ危機により、多くの教訓を得ているはずで、今後の基盤政策に反映させなくてはならない。

日本のポテンシャル

わが国では「スティンガー」や「ジャベリン」が不足しているなどと言われても、

はるか遠い国の話で、多くの日本人はまるで関係のないことのように感じているかもしれないが、そんなことはなく、かつて自衛隊では「スティンガー」を購入しており、基地防空装備の一つとなっていた。「スティンガー」はレイセオン社が製造している。ただ、FMSということで、アフガン戦争で供給不足になった時に調達が困難になり、海空自衛隊では携帯SAM（Surface-to-Air Missile）そのものの調達をやめたとみられ、陸上自衛隊では東芝により91式携帯地対空誘導弾として国産化（一九九一年〈平成三年〉度に制式化）している。

91式携帯地対空誘導弾は自衛隊内で「PSAM」あるいは、なぜか引き続き「スティンガー」と呼ぶ人もいるためややこしい。

「PSAM」は米国製のスティンガーに比べて低空での対処能力などに優れていて、低空域の航空機、攻撃ヘリによる地上攻撃に抗することができる。操作の容易性やメンテナンス性に優れ、敵味方の識別能力を持っているのも特徴と言われる。派生型としてOH－1観測ヘリに搭載する空対空ミサイル型、また、高機動車に四連装発射機二基を搭載した93式近距離地対空誘導弾がある。

一方、自衛隊における「ジャベリン」と言える小型携帯式対戦車ミサイルには01式対戦車誘導弾がある。川崎重工業が開発し、自衛隊内では「01（マルヒト）」や「軽

MAT」とも呼ばれている、と紹介されている場合が多いが、私がよく聞くのは「01ATM」（型式名がATM5）だ。

01式は主に近距離での対機甲戦闘用として普通科部隊が装備し、戦車などの装甲戦闘車両を撃破するために用いる。赤外線画像誘導方式でミサイル誘導し、自動化によって発射後の継続誘導が不要な「撃ち放し能力」を持っている。射撃後に誘導操作を行なう必要がなく速やかに移動できることで生存性を向上させたという。

この01式がそれまでの八四㎜無反動砲（スウェーデン製カールグスタフを豊和工業がラ国している）に代る計画だったようだが、コスト面や汎用性の高さなどから、両者が併用されることになり現在に至っている。

火を噴く装備は渡せない

いずれにせよ、日本の国産装備品にもウクライナが欲しがっているものが多くあり、こうした火力を提供することはかなり壁が高いとはいえ、潜在的な能力は十分にあるということだ。

ただし「火を噴くもの、殺傷能力があるものを渡すなんて絶対にムリ！」と防衛関係者は思っている。しかし、これは日本人だけの感覚で、これから海外の製造現場が

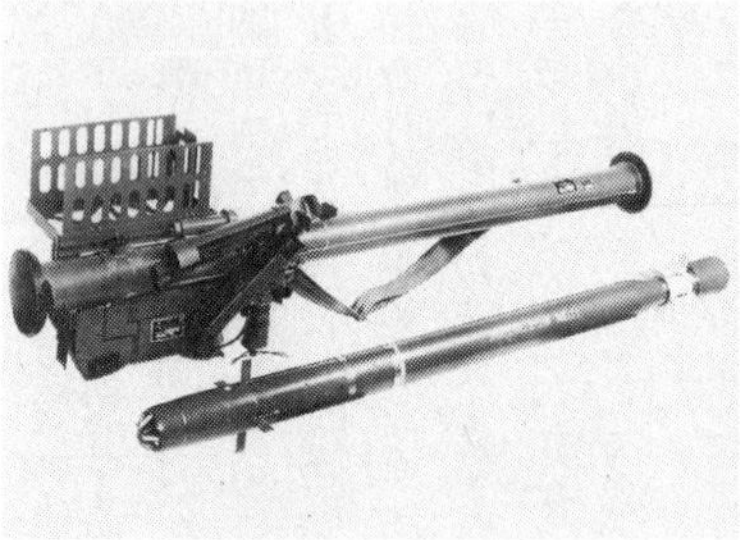

91式携帯地対空誘導弾（携行SAM）（写真：陸上自衛隊）

より逼迫した時に協力を求められたらどうするか、その時にもデキマセン！　の一点張りが果たして国際社会で許容されるのか、ということにまで考えは至っていない。

こうなると、日本としては、携行ＳＡＭや対戦車砲を国産していることをあまり大々的に知られては困るという構図になるのではないだろうか。

また、最近、世間の一部の人は「輸出できる装備品に資源投資をして育てるのがいい」などと言うが、その話がいかに無知なものかここで改めて分かるだろう。陸上火器の国産化は極めて重要だが、輸出など全く（今のところは）関係ない。輸出をするかしないかなどは、装備品の価値のモノサシにはならないのだ。事実、今まさに喉から手が出るほど欲しがられている装備品を、日本は目立たないように隠しておかねばならないのである。これで装備輸出に力を入れている国だとは誰も見てはくれないだろう。

私はPSAMやATMを日本から提供したほうがいいと言いたいわけではないが「殺傷能力のあるものは渡さない」「それで人が死んだら殺人になる」といって、自分の手を汚さずに輸送などの用途に使えるものだけ売りたい、という日本人の感覚がどこか見苦しい気がしてならない。こんな了見で世界の兵器市場に参入しよう（企業にさせよう）などという発想が世界から見れば「非常識」なのである。

古いヤツだと思われたモノたち

「スティンガー」を製造するレイセオン社は、米国防総省が約一八年間も「スティンガー」を購入しなかったために再び生産ラインを構築することの困難さを訴えている。「ジャベリン」にしても「スティンガー」にしても、今回のことで大々的にベンダー企業も含めた供給網を再構築し従業員を増やしても、この調達がいつまで続くか分からない。企業としては持続的な調達が約束されなければ大規模な投資はできないというジレンマも抱えているのである。

それにしても、携行型の対戦車ミサイルや地対空ミサイルが重宝されたのはすでに五〇年近くも前のことであり、米国では二一世紀に入り「使い道のない兵器」の代名詞のように言われていたという。

それが、今になってこれだけ需要が高まっていることに関係者は驚きを隠さない。しかし、これはつとに述べていたように、いつでもあり得ることで、とりわけ現在のようなＡＩの登場などにより不要になると考えられているものは、むしろシステムダウンといった事態を想定すればかえって必要性が高まるという構図もあるのだ。

いつも同じ例えで恐縮だが、コロナが流行してからマスクがいきなり重要物資となり、国内製造能力の不足に愕然としたことをつい最近経験したばかりだ。

近年の軍事環境は衛星情報に大きく依存しているが、衛星が使えなくなる場合を想定し米海軍では、一時は教育から外していた天体観測を復活させたと聞く。宇宙・サイバー・電磁波という新領域の時代には、コンピューターが何一つ機能しない事態が起こり得る。ますますアナログ装備やそのノウハウが必要になっているのである。

装備移転をめぐる問題

誤解だらけの装備移転

「日本は武器輸出ができるようになったのに、実績が上がっていない」といった報道をしばしば見かけるようになった。装備移転ができるようになる前は、その是非を厳しく論じていたのに、いざ解禁となったらこんどは「実績が上がっていない」ことを責めるという姿勢にはちょっと驚かされるが、何しろ成果が少ないのは事実だ。

ただ、そもそも日本は何のために装備移転をするのか、その目的がしっかり理解されているとは言えないため、論点がぼやけているように見える。

二〇一四年（平成二十六年）、安倍政権は事実上の「武器禁輸」政策となっていた「武器輸出三原則」を見直した。そして誕生したのが新たな「装備移転三原則」だ。

しかし、その目的はよく知られていないと言っていい。

文言をよく読んでみたい。そこにはこのようにある。

「国際協調主義に基づく積極的平和主義の立場から、我が国の安全及びアジア太平洋地域の平和と安定を実現しつつ、国際社会の平和と安定 及び繁栄の確保にこれまで以上に積極的に寄与していく」

と、ある。つまり、これは安倍政権が提唱した「積極的平和主義」を具体化したものだったのだ。

平和協力や国際貢献こそが装備移転の目的だ。しかし、この大目的は語られず「防衛産業を儲けさせるため」といった話のほうが主流になってしまったことが、問題を複雑化させているのだ。

防衛産業救済策なのか?

こうした誤解が広がったのは、述べてきたような国内防衛産業の疲弊が世の中に知られるようになったからだろう。これを受け、日本の防衛生産基盤を守り強化する方策は輸出に違いないという説が流布されるようになったのだ。

しかし、防衛産業の撤退が相次いでいるのは、米国からのＦＭＳ（対外有償軍事援助）購入が増え国内調達が減少していることや、装備品が高性能化し単価が上がっているためさらに国内調達数が減るという構図からである。

それなのに、解決策は「輸出を」というが、だいたい、日本の自衛隊が国産を買わないのに、それを外国に買ってもらおうという発想自体がおかしいのではないだろうか。相手国を見下しているのだろうか。

これまでも縷々述べてきたように、防衛事業における企業負担はとても大きい。もし、本気で「救済したい」なら、まず、業界がかねてより要望している利益率の適正化から着手するべきだろう。

どうも「武器輸出」というのは、これまでのところは、これら業界が最も求めていることを行わないための目くらましになっているように見えてならない。

企業が求めていることはずっと変わっていない。適切な利益が得られることと、そのために必要な継続的な調達と予見性の確保である。

赤字を出すことも少なくないというのに、企業が研究開発を怠っている（だから海外製品のほうがいい）と言うのは酷な話だ。

「会いたい」と思う防衛産業に

国内防衛産業と自衛隊の関係はすれ違いが多くなっている。それは自衛隊側が「癒着」を疑われないように距離を取っているということもある。しかし、そんな風潮の中でも、自衛隊が企業の人と「会いたい」という気持になるかどうかが本来は重要なのではないかという気もしている。

既存の技術で国防が賄えた時代はすでに終わり、今や安全保障環境や装備事情が猫の目のように変わっている。その中で、自衛隊自身も毎日がキャッチアップとアップデートの繰り返しになっていることは想像に難くない。鵜の目鷹の目で最先端技術を求めているのは事実だろう。

これまでは最新情報を提供するのは商社の役割だったかもしれないが、これからは防衛産業にもそのような存在感が求められるのではないだろうか。

自衛隊に発注を求めるだけではない、国防にとって有益な話をもたらすアドバイザー的存在になることも求められる。とにかく、両者の関係はここでアッサリ破局させるわけにはいかないのである。

電気代などの負担減を

一方で、元内閣官房参与の加藤康子《かとうこうこ》さんから伺ったところ、日本の電気代は諸外国と比べて二倍〜三倍で世界一高いのだという。多くの国は基幹産業を守るために免除しているといい、日本の場合は税金も含め企業の負うコストが大きすぎるのだ。

その上、昨今の「脱炭素」の流れにより産業全体の弱体化が懸念されている。国として取り組むべきは自国の産業を活性化することだと思うが、まるで逆の方向性に向っている。

サイバーセキュリティに対する投資などもあり、企業の多大な努力が必要になっている今、少しでも負担を軽減することが何よりの産業政策になるのではないだろうか。防衛装備の製造についても、電気代や税金などの企業負担が軽減されるという話は聞いたことがない。輸出よりもよほど即効性がある特効薬になるのではないかと思う。

リスクが多い輸出

装備移転は防衛産業活性化の施策という考え方が広がっているが、企業にとってはリスクの方がはるかに大きい。初期投資をしても利益が出る保証は全くなく、株主への説明というハードルや、世間から「死の商人」などと揶揄されるレピュテーションリスクもある。企業の一部門に過ぎない防衛事業の、そのような「活躍」を経営サイドは望んでいない。

現役自衛官にも「輸出ができれば、量産ができ、自衛隊の分の単価が安くなる」と思っている人がいるが、自衛隊で使っている同じモデルをそのまま外国に渡せるわけではなく、スペックの変更など別の製造ラインを設ける必要がある。車両など民生品に近いもので製造設備を転用できるならあり得るかもしれないが、ほとんどは莫大な投資が必要になる。

自衛隊のために続けてきた

かねてより多くの防衛産業関係者の人々が口を揃えて言っているのは「自衛隊のためだからやっています」ということだ。他国軍の装備を作る気などないと。ここを確認せずに、勝手に防衛産業が喜ぶとばかり周囲が盛り上げている構図がある。

一方で、政府方針を受け現在は少しずつ輸出も視野に入れる企業も増えてきたが、いざ乗り出そうとすると、運用側の自衛官が良い顔をせず首を縦に振らないことが多いという。普段は「武器輸出すべき」と言っている人でも、いざ自分たちに関係が深い装備と企業が対象になると、心情的に耐えられないというのが実際のところのようだ。

また「装備移転三原則の運用指針」で輸出を認め得るのは（1）救難（2）輸送（3）警戒（4）監視（5）掃海－としており、海外に売れるアイテムは限定的だ。弾薬など初めから全く範疇にない分野もある。この指針を踏まえ輸出を試みても、結局、外為法の審査ではじかれるものも多いという。つまり、対象になる企業も限定的であり、運用もアクセルをかけながらブレーキを踏んでいる状態になっているのだ。

本来、外交や防衛交流のツールにするのであれば、政府から企業に依頼する構図になっていいと思うが、企業のためなのだから企業が自腹で行なうことが当然だと思っている官側関係者も多いのが実情だ。

国として取り組まないと無理

最も現実的ではないかと思われるのは、今進められている能力構築支援（キャパビル）＝（この言葉はそろそろ変更した方がいいと言われているが）とセットにして装備品を提供する方法だ。それに先立ち政府が装備品を買い取る形が望ましい。やるなら将来的には日本版ＦＭＳを目指したい。

最近では、そこまではいかないまでも、政府系金融機関が相手国に低利で融資をするという方法を進めようとしているようだ。

いずれにしても、企業に「積極的平和主義」のためにお願いしますと、漠然とオーダーしても、できる話ではない。日本と地域の平和のためには、どこの国にどのような物を提供することが求められるか、国として戦略的なガイダンスを定めた上で、NSCで省庁横断の検討をすべきだろう。

そして、これを行なうのが装備庁や企業の人という今の構図はどう考えても無理がある。相手は国や軍であり、装備品を買うことに対し自国の農作物などの購入を約束させる「オフセット取引」を求められる場合も多いというのに、勝手に対応できるはずがない。

諸外国が当たり前に行なっている首脳外交の場を使ってトップセールスをしなければ話にならないだろう。そのためには、官邸が装備庁では今どんな話が進行中なのかといった情報を常に知っている状況を作る必要があるだろうし、首脳会談で漠然とした話をしても意味がなく、具体的な売り込みをここでできるように準備する必要がある。

それをしていないということは、今のところ、政府としてはそこまで本気でやろうとしていないということだと私は理解している。

フィリピンへの移転を成功させた「人」の力

現実は、せっかく企業が提案を持って行っても、案件がたらいまわしになったり、運用サイドが嫌がったり、外為法ではじかれる恐れがある。そのような状況なので「装備移転が進まない」のは当たり前だ。

さらに驚かされるのは、装備移転をするなら初度費を返還せよという話も出ているといい、こうした政府の方針を阻害するような縦割り行政の解消は急務だ。

そんな中で、フィリピンへの三菱電機の防空レーダー輸出が成功したことは画期的だった。

「モノを売るよりもまずは人を売れ！」

営業マンさながらに力説するのは、防衛装備庁長官官房装備官（航空担当）の後藤雅人空将だ。二〇二一年（令和三年）版防衛白書で紹介されている手記には「人」こそが成功の秘訣であると記されている。現地大使館や企業を含めた「人」、そしてカウンターパートである軍の関係者たちと信頼関係を築いたことが大きかったと振り返っている。

このレーダーは、三菱電機の固定式警戒管制レーダー装置三基と移動式対空レーダー装置一基で、対中国を見据えた文脈でもフィリピンとの、このようなツールを用いた協力関係の構築は極めて意義深い。

そして、今回、契約が成功した背景には、実はその前に防衛装備庁が積み上げていた両国関係が欠かせなかったのである。

積み上げた両国関係

二〇一六年（平成二十八年）の防衛装備庁に遡ってみたい。まだ同庁ができて一年しか経っていない頃、海上自衛隊徳島基地にフィリピン海軍のパイロットたちが来訪した。練習機による訓練を実施したのだ。前例のない試みであったが、装備庁が中心になって調整したものだった。

装備庁が創設され装備移転に本腰を入れる体制が始まったとはいえ、この時は何もかもが手探りだったはずだが、関係者の努力により実現したこの日本での研修が功を奏し、翌二〇一七年（平成二十九年）三月に比海軍に対し海上自衛隊ＴＣ90練習機二機を引き渡すことに成功した。翌二〇一八年（平成三十年）三月にはさらに三機を納めている。

ここに至るまでには相当な苦労があった。まずは運用者である海上自衛隊、そして関係企業に説明を尽くし、全面的な協力を取り付けなくてはならなかった。骨が折れる調整をくり返していくうちに、はじめは乗り気ではない様子に見えた関係者の間にチームワークが醸成され、最終的には自衛隊ならではの隊員たちのホスピタリティが比海軍の人々を大いに感動させたのだという。

装備の良し悪しの以前に、彼らの心を掴んだことは何より大きかったと言えるだろう。労を惜しまず自ら「鎹《かすがい》」になる強い意志があれば実現できると、装備庁はこの時、手ごたえを感じたに違いない。

二〇一七年（平成二十九年）からは日本の航空機企業ジャムコがフィリピン海軍の整備要員への教育も開始した。この後には陸上自衛隊の多用途へリUH－1H部品をフィリピン空軍に無償譲渡することも実現させている。このような地道な関係の積み上げが、防空レーダー輸出の実現に繋がったと言える。

フィリピンに続くことはできるか

この事例から分かるように、装備移転には制服同士の関係性が欠かせない。ユーザーは軍人であることを忘れてはならない。当事者である軍の人たちがその装備に納得しなければ意味がない。そのためにも自衛官の役割は嫌でも大きくなる。今後、装備移転の成功事例を増やしたいのなら、首相だけでなく「制服自衛官」もキープレイヤーになる覚悟が必要だ。

同時に、他国との共同運用・共同演習といった枠組みの構築も必要になるだろう。つまり、装備移転は企業だけの取り組みで収まるものであるはずがなく「どこの国と軍事的協力をするのか」という大命題が不可欠なのだ。

これからはＡＳＥＡＮ諸国との防衛交流が重要であることは分かっていても、いざ具体的な装備移転の交渉をしようとすると様々な壁が立ちはだかるのが実情のようだ。そもそも相手の軍そのものがいいかげんだったり、カウンターパートが毎回変わる、ワイロを要求される……などなど、予想以上の難しさがあるという。

また、日本としては第三国移転をしてくれるな、などの神経質な要望をするが、こんなセールスは歓迎されないし、米国が「競合」になることも肝に銘じておかなくてはならない。

前時代的な学術会議

日本学術会議の問題

日本は産官学の連携が著しく遅れている。これは日本学術会議が戦後一貫して軍事研究拒否の姿勢を取っているからで、そのことが昨今、世の中で知られるようになり、にわかに学術会議ケシカランという声が高まっている。

自衛隊関係者にとっては昔から知っていたことであるが、学術会議の体質が広く明らかになったことは一つの進歩だと思っている。

まずは人々に実態を知ってもらうことが必要だった。学術界の安全保障分野への非協力は致命的な国の欠陥と言っていい。

この日本学術会議の問題が表面化する最初のきっかけとなったのは、二〇一五年

（平成三十年）に防衛省が始めた「安全保障技術研究推進制度」だった。

これは、防衛技術として活用できる基礎研究に対し資金を提供するものだ。これに対し学術会議は懸念を表明し、さらに一九五〇年（昭和二十五年）の「戦争を目的とする科学の研究には、今後絶対に従わない」との声明と一九六七年（昭和四十二年）の「軍事目的のための科学研究は行わない」という表明を継承すると改めてその態度を明らかにした。

このことにより、防衛省の新制度に乗り出そうとしていた大学は消極的にならざるを得なくなった。

戦後の膿を取り除け

結果的にこれらの声明は「見えない縛り」となり、同制度への応募は激減。意欲のある研究者の道を塞ぐことになった。これは「学問の自由」侵害にほかならないだろう。

私たちが恩恵を受けているインターネットもＧＰＳも元々は軍事技術から始まったことは今や常識で、軍事のための研究を究めることが科学技術全体の底上げにつながることは言うまでもない。

昨今は「デュアルユース」が当たり前で、軍事技術と民生技術を区別することからしてナンセンスであることも誰もが分かっていることだ。

それなのに、かたくなに防衛省と協力することを拒むのは同会議の本質的問題がある。共産党色が強いと言われている同会議が、日本を守るための軍事研究、自衛隊への寛容、など持つはずがなく、これまで自衛官が博士号取得などのため大学に行こうとしてもあからさまに拒否されるなど普通にまかり通っていたのだ。

もはやそのような前時代的な「学術」機関など何の役にも立たないということが明らかになったのである。

求められる新たな日本の学術会議

菅首相（当時）が学術会議の六人の会員について任命拒否をしたことにより、世の中で騒がれるほど、これまでアンタッチャブルであった同会議の真実が明かになったわけで、それだけでも大きな成果だった。

防衛省の制度が始まった頃、インタビューを受けることが何度かあり、その多くが「防衛省がもはや研究開発能力がジリ貧で、学術界の協力を得ないと無理というところまで劣化しているということか」といった質問を受けた。このような誤解が広まっていたことに驚いたが、防衛省の制度はあくまで「基礎研究」を支援するというもので、防衛省が学術界に「助けを求めている」というものではない。

ましてすぐにでも「兵器を開発する」などというなどあり得ず、民事軍事にとらわれない自由な発想での研究を援助することで国力を高めようというものだ。

報道を通じて一般的に、あたかも防衛省が科学者を動員して兵器を作らせるかのようなイメージ図だけが多くの人々の頭の中に浸透してしまったのは、装備庁に広報機能がないことにも起因するかもしれない。

また「防衛産業が装備を開発する能力がなくなり、学術界に手を伸ばした」なる説も出てきた、研究開発予算があまりにお寒いものである中で、では「企業の開発能力」というのはどのようにして促進するのか？　この説を広めている人は「企業が自腹で行なうのは当然」と考えているということなのだろう。

企業が学術界を肩代わりした戦後

それにしてもなぜか語られないのは、この問題における防衛関連企業の存在だ。戦後、長らく国産の防衛装備品開発は防衛省の技術研究本部（現在は装備庁）と企業が担ってきたのである。

いわゆる「ミルスペック」という軍事特有の装備品に仕上げるノウハウを持っているのはこの両者しかない。

近年「デュアルユース」という言葉が言われるようになり、これは軍事にも民生にもどちらにも使えるという意味であるが、実際に軍事で使われるものになるためには、はるかに厳格な要求がなされる。全く同じものではないのである。

そしてその技術開発には防衛関連企業が欠かせない。つまり「軍事」というハイレベルな境地に到達させるためには、最後は防衛省と企業が責任を負うのであり、研究者が負担を背負わされるといった次元の話ではないのである。

考えさせられる兵器の概念

二〇二二年（令和四年）七月八日、安倍元首相が銃撃され亡くなるという衝撃的事件が起きた。使用された「銃」は手製のもので、ホームセンターなどで入手できる材料で作れるという。

犯人が安倍元首相が最も意を払っていたと言っていい自衛官出身者だったということは本当に痛恨事だった。就任期間の長さだけではない、安倍元首相の日本の安全保障に対する絶大な貢献、そしてリーダーシップを鑑みると、自衛隊関係者にとっても喪失感があまりにも大きい。

しかし当初、犯人が元海上自衛官であったことから「銃の扱い、製造の知識がある」といった報道があったようだが、完全なミスリードで、自衛隊での経験は全く関係ないと言える。今やネット情報だけで誰でも殺傷能力のある武器が作れるのである。YouTubeで検索すればいくらでも動画が出てくるのだという。いわゆる「ローンウルフ」型テロリストを警戒する上でも、こうしたネット情報のあり方や規制をいかにするかは大きな課題だと考えられるが、そうは言っても日本においてはまだ現実味がなかったというのが正直な国民の感情ではないだろうか。

日本における銃規制にしても、また「武器」「軍事」の概念にしても、これまで非常に神経質なものだった。

日本で個人が競技や趣味などで銃を保有するとしても厳格な審査と煩雑な手続きを定期的にクリアする必要があるし、日本学術会議は「軍事」と名がついた途端に拒絶反応を起こす、といった具合だ。

ところが、そんな区別をあざ笑うかのような犯罪が発生し、私たちは今まさに「軍事」かそうでないか、はたまた「武器」かそうではないか、といった概念そのものを再考する時期を迎えていると言えるのだ。

日常の中にもある軍事技術

私はおにぎりを毎日食べているが、おにぎりを包んでいるラップはそもそも銃や弾薬の保存用に作られたのが始まりだ。こちらは私には縁がない商品だが自動掃除機の「ルンバ」は地雷探査技術が民生品化されたものである。

つまり「軍事」のために開発された物が私たちの暮らしに寄り添っていて、生活用品が人を殺傷するという現実が実際にあるのだ。

日本の学術界の方々がそのことを知らないはずはなく、おそらく、資金の出所が防衛省であることが問題なのだろう。私の知る限り研究室にいる人たちの多くは研究費の出所などに関心はなく（それも問題かもしれないが）、学術会議の声は研究者の考えというより、イデオロギーとしか言いようがない。

そういえば、かつて、あるシンポジウムで、海外留学経験者が携わった現地での研究に軍事費が拠出されていたことが分かったということで「道義的責任を負うべきではないか」という意見が会場から寄せられたと聞いたことがある。これと同じ論理で、防衛省からの資金を受けることは「道義的責任」を問われることと考えられているようだ。

外国からの資金援助はOK!

ところが、日本の大学研究者には米軍から二〇一七年(平成二十九年)時点で八・八億円の研究費が提供されていることが当時報じられた。これらの研究の内容は船舶の転覆を防ぐためのシミュレーションや人工知能・ロボットということで、助成を受けた教授たちは「平和目的であり問題ではない」といった見解を示している。防衛省の研究も「平和目的」であることは言うまでもないのだが……。

米軍による資金を受け入れたのは、教授側の自由意思が尊重されることも大きかったようだ。研究テーマはあくまでも研究者が申請するもので、採用されればお金がもらえる仕組みということだった。使途を限定されたり面倒な手続きはなく、最終的に論文を提出するだけで特許も研究者が持てるという。

防衛省の制度の場合は装備庁が大まかなテーマを決めるなど自由度という点で米軍のものほどフリーハンドではないため「管理されている」感が強くなるのかもしれない。

国防総省が半分を持つ米国の研究開発費

米国では、国家の研究開発予算の約半分を国防総省が持っている。そしてその一部は世界各国の研究機関に拠出されているという。

日本にも空軍のアジア航空宇宙研究開発事務所（AOARD）や海軍研究所（ONR）、陸軍の国際技術センターパシフィック（ITC-PAC）といった拠点が存在する。これらは常にリサーチ活動をしているという。

さらに、米軍の技術的優位を確保するための研究 開発を推進するため、DARPA（Defense Advanced Research Projects Agency 国防高等研究計画局）が国防総省傘下の機関として設置されていることはつとに有名だ。インターネットやGPSはここから生まれた。

DARPAもそうだが、米国の各制度は失敗してもいいからチャレンジしようというものが多い。その挑戦に対してサポートする。日本人はどうしても成果を示さなくてはならない考え方が強い。この違いが大きいようだ。

企業が担った戦後の研究開発

戦後の技術開発を企業が担った経緯を改めて見てみたい。

敗戦後の占領政策で軍事に繋がる最先端の研究・開発が一切禁じられ、技術者たちの多くは企業に吸収されることになった。やがて朝鮮戦争そして警察予備隊創設に伴い日本の防衛産業の必要性が高まるわけだが、その分野の研究者の育成も引き続き企業が担うようになった。具体的に言えば「火薬」の分野などは大学で学べないため、関連企業は教育をゼロから始めるという具合だ。

こうした日本独特の歴史的な経緯からしても、学術会議に嫌がられながら貴重なお金を提供するならばもっと企業に対し柔軟な研究開発費の投資をするなり、スタートアップ企業の開拓などに目を向けた方がいいのではないかと感じる。

日本学術会議をめぐる様々な問題は、戦後のわが国における「ひずみ」の「あぶり出し」のためだったと捉えるのが妥当で、それはそのまま「経済安全保障」にもつながることになるだろう。

二〇二〇年（令和二年）四月、国家安全保障局に「経済班」が発足し、省庁横断でわが国の先端技術を守り、また育てる体制が初めて構築された。しかし、日本の安全保障上重要な技術がどこにどのように存在するのか誰も掌握しておらず、チェックする方法もなかったことが分かってしまった。

同様に学術界についても「学問の自由」が免罪符のように立ちはだかり、例え国立大学であっても、これまで調査・介入は困難だった。所管の経産省は文科省の所掌である大学に事実上タッチできなかったのである。

中国との親密な関係

学問分野の安全保障対策は、まず国内の（国立）大学や研究機関でどのようなことが行われているのかを調べることから始めなくてはならない。

一方で、あらゆる大学で中国など留学生の割合が大きいことは周知の通りだ。近年、米国では留学生の個人情報を徹底調査し、その結果、トランプ政権時には中国人向けのビザ発給が四五％減少したという。

米国では「ファーウエイ」など外国企業からなどの資金を一定額以上受けた場合は政府への報告義務があり、そのため名だたる大学が寄付受けや共同研究を中止したようだが、日本には報告の制度はなく、どれほどの大学が金銭を受け取り、共同研究を現在も進行しているのか分かっていない。

彼らのほとんどは不作為で、知らず知らずに周辺国の軍事技術に寄与している可能性が高い。こうした学術界の国益に反する「学問の自由」を是正し、日本の国力を向上させようという動きは時代の要請だったのだ。

自衛官に対する「いじめ」

中国に門戸を開く傍ら、一部の大学などは自衛官に対して残酷な態度をとってきた。自衛隊では職務上の必要から隊員を大学院に進学させることがあるが、ある自衛官は受験の辞退を求められ、ある自衛官は願書が返送されたりした。

同様の事例が、一九六四年（昭和三十九年）から一九七一年（昭和四十六年）までに延べ約五〇人に及んだ。

その後、トラブルが予想される大学には出願を控えるようになったため事例数は減少したという。

東大は近年まで自衛官には試験も受けさせなかった。その一方で東大にも多くの中国人留学生が受け入れられていることは改めて言うまでもない。

ある元自衛官の大学教授は論文発表の際に「軍事研究でない」旨の承認を得る必要があったという。聞けば、同様の経験を自衛隊出身者は皆持っているようで、論文には「民間研究〇〇」と名付けるのだそうだ。

こうした事々は軍事忌避を通り越して「自衛官への差別」としか言いようがない。

ノーベル賞とダイナマイト

米軍の従軍司祭の方からこんな話を聞いたことがある。ノーベル賞を創設したスウェーデンのアルフレッド・ノーベルに関する逸話で、この時はルカによる福音書一二章の一三からの「愚かな金持ち」の例えを解説してくれたのだが、人間とお金との関係はもとより、人類と科学技術との関係を深く考察させられるものだった。

ノーベル賞は毎年総額で七億二〇〇〇万円もの賞金が受賞者に贈られていて、この巨額のお金はノーベルの遺産の利子で賄われている。

一八三三年に生まれたノーベルは、発明家だった父の影響もあり幼い頃から科学に興味を持って育ち、二九歳の時にニトログリセリンと黒色火薬を混ぜ合わせた爆薬の研究を始めている。

しかし、ニトログリセリンは振動などでも爆発を起こしてしまう非常に不安定な物質だったため、ノーベルの爆薬製造工場が爆発事故を起こしてしまい、五人もの死者を出してしまった。その中には実弟も含まれていた。

同様のニトログリセリンが原因の爆発事故は他にも各地で多発していたが、道路を作るなどインフラ工事には欠かせないため、ノーベルは何とかして安全な爆薬を作れないかと研究に没頭したのだ。

そしてついに、振動が加わっただけで爆発するようなことはない発明を成し遂げた。これがダイナマイトだった。

「死の商人」と言われて

ダイナマイトはベストセラー商品となり、ノーベルは大金持ちになる。しかし、普仏戦争が一八七〇年に始まると、そこでもダイナマイトが使われるようになった。気付けば彼は世界屈指の億万長者になっており、世間の人は密かに「死の商人」と呼ぶようになっていた。

彼の発明のそもそもの動機は、人命を守るためであったのに、図らずも自身の作り出したものが人の命を奪ってしまうという、まさに科学の持つ矛盾に陥ってしまったのだ。

それを強烈に自覚することになる出来事が一八七〇年に起きた。兄が亡くなった時、ノーベルが死亡したという誤った情報が流れ、当時、フランスに住んでいたノーベルはパリでこの誤報記事をたまたま見つけ、目を奪われた。そこには「死の商人、死す」と見出しがあったのだ。

このことが、ノーベル賞の創設を思いつく契機になったというのが定説だ。「死の商人」と書かれたことで、世界の幸福と平和に貢献した人に財産を分けようと思いついたのだ。それが、自身の生み出したダイナマイトが持つ「罪」の面の償いとして位置付けられた。

ただ、一方でダイナマイトが発明されたおかげで救った生命もあったはずだ。科学技術が人間を助ける面、また傷つけ命も奪う面、これはコインの裏表なのだ。

何らかの才能に恵まれた人や資産を持つ人がその「宝」を広く人々にシェアすることのほうが、科学の発展を躊躇することよりはるかに世の中のためになる。ダイナマイトが「悪」だと思う人は今やいないだろう。

日本においては、防衛技術を高めるとか守るといった議論以前に、軍事やそれに伴う科学技術の本質に対する理解が成熟する必要があるのではないだろうか。

あとがき

まだまだ知られていない実態

ここ数年、よく防衛産業（防衛部門を持つ大手企業）と防衛大臣や防衛省関係者との懇談機会が設けられるようになっているので、とても良いことだと思います。とはいえ、限られた時間の中で、それも公式の場で、どれくらいリアルな話ができるかは分かりません。

昔から企業のトップが大臣などと面会する機会はありましたが「お世話になっています」の挨拶交換の域を出ず、また、トップは防衛事業の状況を知らない場合が多く、直前に担当者に「それで、防衛の方は上手くいっているのか？」と御下問があるという話も聞いたことがあります（上手くいってませんと言えるはずもなく……）。

そんなわけで、防衛産業の実情が伝わるのは極めて困難になっていました。大臣経験者からも「防衛産業が困ってるなんて一度も関係者から聞いたことがない」とよく聞きました。

少しずつ率直な話が発言されるようにはなっているものの、まだまだ序の口です。さらに本音ベースで話ができる場があってもいいように思います。

利益率が低い、スケジュールがキツすぎる、納期遅延について厳しすぎる、天候等の理由で試験場が使えない、ペナルティが利益より高い、事前着工禁止とはいえ実態は必要、輸入部品は事前購入する必要がある……などなど、実際には「本音」は溢れんばかりです。

例えば工場で火災などの事故が起きたり、台風や大雪で輸送路が断たれたなどの理由によって納期が遅れても許されることはなく、遅延金のペナルティが発生します。

このようなことで誰が幸せになるのでしょうか？　国民の幸せを守る自衛隊、そのための装備であると考えると、一体何のためのルールなのかと感じざるを得ません。

また多くの現場は「工数検査」に辟易しています。「帽子をかぶり直した」「落としたペンを拾う動作があった」「ページをめくって探していた」といった工員の一挙手一投足がチェックされ、トイレに何回行ったかも数えられるといいます。飲み物を飲む、また座るという動作さえも「ムダ」ということで、立って作業を行っている現場もあります。

ただ、防衛装備品の製造はいわゆる「トヨタ生産方式」のような徹底的な効率化ができる類ではなく、スピーディさよりも慎重かつ誠実な作業が求められるはずです。常識的に考えれば多くの国民の理解も得られることだと思いますが……。

今後のあり方

二〇二二年（令和四年）に経団連が発表した「防衛計画の大綱に向けた提言」にもあるように、政府による外交・安全保障政策に則って防衛装備・技術の海外移転をするならば、始めからそのつもりで開発をスタートさせていく必要があるでしょう。

そのためにも、関連企業が適正利益を得られることが重要です。現状は想定困難な追加コストが発生した場合は、企業側が利益分からこれらを負担せざるを得ない状況になっています。

これは、防衛事業から撤退する企業が相次ぐ原因の一つになっています。自衛官には悪気はないと思いますが、仕様書にないことを要求したり、納地の変更などを求めれば当然、費用がかさみます。しかし、それは手当されず、企業の利益分から拠出することになるのです。

自衛官が災害派遣で人々に頼まれたことにNOと言うのが難しいのと同じように、防衛産業も自衛隊からの頼みは容易に断れないのです。

こうした想定していなかったことへの補てん、原材料費の大幅な高騰など不可避なコスト高騰を反映できる契約の仕組みにするなど、欧米の事例も参考に（因みに現行の標準利益率は六・九％、諸外国の利益率は一〇％超）、様々な見直しが急務です。入札制度も総合評価方式や随意契約にする柔軟性が強く求められます。

自衛隊の体制にも深く関わることに

日本が本気で外交・安全保障のための装備移転を進める気持ちがあるなら、首脳外交におけるトップセールスが欠かせませんし、装備庁の担当者が一～二年で異動になったり、防衛駐在官にそのような教育もなされずまた余裕がない状況だとしたらとても無理だと思います。

本当にこれを行うのなら、大きな意識改革が必要になりそうです。制服自衛官は官邸により近い存在になるでしょうし、また、防衛産業への再就職が問題視されていますが、むしろもっと積極的な両者の人事の往来など流動性が求められます。

諸外国と装備品の共同運用性を高めるために、いわゆる「ＮＡＴＯ基準」採用を一層進めた場合、わが国が集団安全保障や共同防衛体制に参画することへの期待感も高まることが予想されます。

つまり、装備移転というのは、制服自衛官の役割の拡大、さらに憲法改正といったところまで頭の体操をしておかないと、真の成功には至らないということだと思います。それを決めるのは政治ですので、今後、うわべだけではない実のある議論が待たれます。

とにかく、そろそろ日本は、防衛産業が防衛力の一部であり「国防を担う重要なパートナー」だと、はっきりと認める時代になっているのだと思います。

本書は潮書房光人新社の月刊誌「丸」で連載した『誰も知らないニッポンの防衛産業』を書籍化したものです。関係者の皆様に深く御礼申し上げます。

二〇二二年八月

本書は二〇二一年二月号から二〇二二年八月号まで雑誌「丸」に連載された『誰も知らないニッポンの防衛産業』に加筆・訂正しました。

装　幀　伏見さつき
DTP　佐藤敦子

産経NF文庫

危機迫る日本の防衛産業

二〇二二年九月二十三日　第一刷発行

著　者　桜林美佐

発行者　皆川豪志

発行・発売　株式会社　潮書房光人新社

〒100-8077　東京都千代田区大手町一-七-二

電話／〇三-六二八一-九八九一㈹

印刷・製本　凸版印刷株式会社

定価はカバーに表示してあります

乱丁・落丁のものはお取りかえ

致します。本文は中性紙を使用

ISBN978-4-7698-7051-7　C0195

http://www.kojinsha.co.jp

産経NF文庫の既刊本

誰も語らなかったニッポンの防衛産業

桜林美佐

防衛産業とはいったいどんな世界なのか。どんな企業がどんなものをつくっているのか、どんな人々が働いているのか……あまり知られることのない、日本の防衛産業の実情について分かりやすく解説。大手企業から町工場までを訪ね、防衛産業の最前線をリポート。

定価924円（税込）　ISBN 978-4-7698-7035-7

本音の自衛隊

桜林美佐

自衛隊は与えられた条件下で、最大限の成果を追求する。たとえ自らの骨を削り、肉を裂くことになっても、血を流しながら、身を粉にして、彼らは任務を遂行しようとするだろう。（「序に代えて」より）訓練、災害派遣、国際協力……任務遂行に日々努力する自衛官たちの心意気。

定価891円（税込）　ISBN 978-4-7698-7045-6

産経NF文庫の既刊本

日本に自衛隊がいてよかった
自衛隊の東日本大震災
桜林美佐

誰かのために―平成23年3月11日、日本を襲った未曾有の大震災。被災地に入った著者が見たものは、甚大な被害の模様とすべてをなげうって救助活動にあたる自衛隊員の姿だった。自分たちでなんでもこなす頼もしい集団の闘いの記録、みんな泣いた自衛隊ノンフィクション。

定価836円(税込)　ISBN 978-4-7698-7009-8

素人のための防衛論
市川文一

複雑に見える防衛・安全保障問題も、実は基本となる部分は難しくない。ウクライナ侵攻はなぜ起きたか、どうすれば侵略を防げるか、防衛を考えるための基礎を簡単な数字を使ってわかりやすく解説。軍事の専門家・元陸自将官が書いたやさしくて深い防衛論。

定価880円(税込)　ISBN 978-4-7698-7047-0

産経NF文庫の既刊本

日本が戦ってくれて感謝しています2
あの戦争で日本人が尊敬された理由

井上和彦

第1次大戦、戦勝100年「マルタ」における日英同盟を序章に、読者から要望が押し寄せたインドネシア——あの戦争の大義そのものを3章にわたって収録。日本人は、なぜ熱狂的に迎えられたか。歴史認識を辿る旅の完結編。15万部突破ベストセラー文庫化第2弾。

定価902円(税込)　ISBN978-4-7698-7002-9

日本が戦ってくれて感謝しています
アジアが賞賛する日本とあの戦争

井上和彦

インド、マレーシア、フィリピン、パラオ、台湾……日本軍は、私たちの祖先は激戦の中で何を残したか。金田一春彦氏が生前に感激して絶賛した「歴史認識」を辿る旅——涙が止まらない！感涙の声が続々と寄せられた15万部突破のベストセラーがついに文庫化。

定価946円(税込)　ISBN978-4-7698-7001-2